日本製鉄の転生

巨艦はいかに甦ったか

日経ビジネス
上阪 欣史

日経BP

はじめに

「日本製鉄って、こんな会社だったっけ？」

2022年春、日経ビジネス編集部で日本製鉄の取材を担当するようになった時のことだ。日本経済新聞社の企業報道部（現在のビジネス報道ユニット）で鉄鋼業界を担当していた16年以来、久しぶりに日本製鉄の経営を追いかけてみた。

ほどなくして感じたのが、経営者や社員たちの顔つきや話しぶり、働き方が、6年前に比べてはるかに活力に満ちていることだ。まるで別の会社を取材しているような感覚に陥った。

日本製鉄は鉄の国内生産シェアで約半分を占める日本最大手。世界では第4位のメーカーだ。

自動車や高層ビル、電車のレール、機械の動力源であるモーター……。鉄は私たちの身近な生活にあふれている。最近、耳にすることは減ったが、「鉄は国家なり」という言葉もある。鉄がその国の産業を繁栄させてきたことは、洋の東西を問わず歴史が証明している。

日本製鉄は良くも悪くもそうした歴史の重みを背負いながら歩んできた。1901年操業の官営八幡製鉄所を実質的に引き継いだ八幡製鉄と、富士製鉄の2社が合併して新日本製鉄が誕生。2012年の住友金属工業との経営統合を経て、19年に社名を日本製鉄に改めた。

その規模は「巨艦」と呼ぶにふさわしい。全国の製鉄所の面積を足し合わせると約80平方キロメートルで、東京ドーム1715個分に相当するという。連結従業員数は約11万人。売上高に相当する売上収益は8兆円で、連結事業利益は1兆円に迫る。

スケールの大きさを誇る日本製鉄だが、その分、動きが重い。経営の意思決定が遅いと指摘されることもあり、社員は「何をするにも時間がかかる」と自嘲気味に話す。

鉄鋼メーカーだから仕方ないという側面もある。製造設備は巨大で、大量の原料から大量の製品を作る。もしミスが発生すれば、莫大な損失につながりかねない。だから綿密に計画し、管理を徹底する文化が根付いている。その分、どうしても保守的になりがちで、野心的な挑戦は少ない。経団連会長や日本商工会議所会頭など財界総理を輩出してきた歴史から、体面や品位を重んじる文化もある。

16年当時私が見ていた日本製鉄は、そんな「重さ」を地で行っていた。

売上規模こそ大きいが、売上高営業利益率は1桁%にとどまる。新日鉄と住友金属が経営統合してから4年ほどがたっていたが、統合効果を最大限引き出すための果敢な経営判断は少なかった。なかなか変革が進まない「伝統的な日本の大企業」に見えた。

ピカピカに輝いているところもあった。技術面では、日本製鉄は世界の鉄鋼技術をけん引する存在だ。高品質な鋼《はがね》や、硬さと加工しやすさを併せ持つ鋼板などの開発・製造に関する主要特許を押さえている。人材の厚みも飛び抜けている。技術陣には名門大学の修士や博士が社内にごろごろいるし、文系出身者も多彩な能力を持つ逸材がそろっていた。

それなのに目を見張るような成長はなく、利益率も伸び悩んでいた。取材している立場ながら、何度も日本製鉄の経営にもどかしさを感じていた。

それから6年後に再び追いかけた日本製鉄は、「重さ」から解き放たれていた。

構造改革では製鉄所の象徴である「高炉」の廃止をあっという間に次々と決定し、海外事業を拡大すべく矢継ぎ早の巨額投資に打って出た。値決めの長年の慣習に新風を吹き込んで価格主導権を握るという出来事もあった。10万人以上の従業員を抱える大きさこそ変わらないが、その足取りは明らかに軽くなっている。だから驚き、別の会社のように感じたのだ。

極め付きが、23年12月に日本製鉄が決断した米鉄鋼大手USスチールの買収だ。その額、なんと2兆円。日本製鉄がこれほどまでの巨費を投じて米国に根を下ろそうとするなど、多くの人は考えもしなかったのではないか。

だが、日本製鉄のここ数年の変貌ぶりを振り返れば、この野心的な挑戦すら必然のように見えてくる。

「変われない日本企業」――。高度経済成長期に一気に成長した日本の伝統的な企業がその後、海外の急成長企業に押されている様子を見て、経済メディアはこう書き立てる。私も記事でこのフレーズを使った記憶がある。

では、伝統ある「オールドエコノミー」は本当に変われないのか。決してそんなことはないはずだ。日本の典型的な大企業であり、重厚長大産業の代表とも言える日本製鉄が変身を遂げたのだから。

であるならば、その変化の過程を探ることで日本の大企業が変わるヒントが見えてくるに違いない。そんな思いでまとめたのが本書だ。

日本製鉄の「転生」の物語は、19年に橋本英二氏が社長に就任する頃から始まる。主力の国内製鉄事業が赤字に落ち込み、回復の見通しも立たない状況だった。そんな苦境から変革を成し遂げてみせた橋本氏や社員たちの知られざる奮闘を描いた。それは、自分も新たな変化を起こせるのではないかと勇気をくれる物語だった。

取材では経営層だけでなく、製鉄所の現場から研究開発拠点、果てはインドやタイといった海外の製鉄会社まで飛び回り、それぞれの持ち場で力を尽くす人たちと向かい合った。取材で出会った社員や関係者は、日経ビジネス誌で22年11月に掲載した特集「沈まぬ日本製鉄」と合わせると実に120人超に及ぶ。

なお、本書に登場する方々の所属や肩書は取材時点のものとした。また、敬称は略させていただいた。社名は、区別が必要な場合を除き、旧社名もなるべく「日本製鉄」と表記した。

さあ皆さん、日本製鉄の転生の物語を一緒に追いかけてみましょう。

目次

プロローグ

「ご安全に！」

2019年7月、日本製鉄の名古屋製鉄所（愛知県東海市）の一室で、いつものあいさつがひときわ大きく響き渡った。

この日集められたのは、製鉄所長以下、製造部長や課長など幹部社員200人。4月に日本製鉄社長に就任したばかりの橋本英二が、満を持して訪れたのが名古屋製鉄所だった。

名古屋市街と中部国際空港を結ぶ名古屋鉄道常滑線に「新日鉄前」という駅がある。名古屋製鉄所の前身である東海製鉄が鉄鋼一貫の生産体制を確立した1964年に「東海製鉄前」として再開された駅だ。新日本製鉄が誕生した70年に現在の駅名に変わった。社名が日本製鉄になってからも「新日鉄」の名前を冠しており、半世紀以上に及ぶ歴史の重みを感じさせる。

その新日鉄前駅から車で10分ほど走ると、製鉄所の象徴である高さ約100メートルに達する「高炉」が見えてくる。名古屋製鉄所は東海市の約15％を占める敷地面積を誇り、その広さは実にナゴヤドーム130個分に及ぶ。海沿いにそびえる重厚長大な製鉄設備群は、名古屋港の上を走る高速道路からもよく見渡せる。

製鉄所の構内には、赤茶けた外観の巨大設備が並ぶ。それらをつなぐために張り巡らされた配管は毛細血管のようだ。

鋳造されたかまぼこ板状の鉄鋼を薄く延ばす圧延工場では、燃えるようなオレンジ色の長い板が、耳をつんざく轟音《ごうおん》とともに巨大なロールの間に挟まれて姿を変えていく。鼻を突く金属の臭い、焼けた鉄から放射される熱……。製鉄所ならではの雰囲気を体全体で感じられる場所だ。

名古屋製鉄所は58年、日本製鉄の前身である富士製鉄が約52％、地元財界が約48％を出資して設立された。現在の従業員数は協力会社を含め約1万2000人。年間の粗鋼生産量は約600万トン弱で、日本製鉄の自動車用鋼板の主力生産拠点でもある。長年、トヨタ自動車など東海地方の自動車メーカーに「硬い・軽い・さびない」を強みとする高付加価値の鋼

名古屋製鉄所は日本製鉄きっての自動車用鋼板の生産拠点

板を出荷してきた。

鋼板を組み合わせる自動車ボディーを設計・解析できる装置や、プレス加工の設備も構内にそろえており、多くの自動車メーカーのエンジニアが足を運ぶ。日本製鉄の旗艦拠点の一つとして、名古屋製鉄所の従業員たちは伝統と誇りを胸に、鉄づくりに汗をかいてきた。

「名古屋は赤字です」

そんな名古屋の幹部社員たちを前に、橋本は静かに語りかけた。

「名古屋は赤字です。あなたたちは子や孫に背負われた老人と一緒で、自分たちの力で稼げていない」。厳しい現実を突き付けた橋本はこう続けた。「なぜ、稼げないのか。それは、稼ぐために犠牲にすべきことは何か、どうすれば稼げるのかを考えていないからだ」

実際、名古屋は赤字を垂れ流し続けていた。手掛ける「ハイテン」と呼ばれる鋼板は日本製鉄きっての高付加価値品のはず。それなのに、作れば作るほど赤字になる。事故を繰り返してラインが止まることも多く、製品の歩留まりがなかなか上がらない。

製鉄所にも言い分があった。「営業に赤字の原因がある」という不満だ。せっかく付加価値が高い鋼板をつくっているのに、高い価格で売れないのが悪いのではないか。橋本の話に耳を傾けながら、その不満をグッとのみ込む部長や課長もいた。

自動車用鋼板の営業経験もある橋本は、双方に問題があることを見抜いていた。だが、ここで営業の欠陥だけを指摘すれば、言い訳や責任転嫁を製鉄所に許すことになってしまう。自分たちの問題は、自分たちで考えてもらわなくてはならない。

橋本は現場の幹部を前に、まなじりを決して言った。「常識や慣例にとらわれないでほしい。何かを犠牲にすることを恐れないでほしい」。この名古屋製鉄所での講話が、日本製鉄が生まれ変わる大きな一歩となる。

その頃の日本製鉄は苦境にあえいでいた。新日鉄と住友金属工業が経営統合をして世界2位の巨大鉄鋼メーカー「新日鉄住金」が誕生したのは2012年のこと。それから5年ほどたち、橋本が社長に就任する1年前の18年3月期には、国内製鉄事業が合併後初めての営業赤字に沈んだ。19年3月期も赤字。国内製鉄事業の2期連続の赤字は長い会社の歴史の中でも初めてだった。

そして20年3月期。日本製鉄は連結最終損益がマイナス約4300億円という、過去最大の赤字を記録した。

「事なかれ主義」「保守的」「動きが遅い」……。こう指摘されることも多かった巨艦・日本製鉄。その風土を根本から変え、本来持っているはずの企業価値を取り戻さなければならない──。瀕死の巨人を復活させるには、強い覚悟が求められていた。

「安定供給に責任を持てなくなる」

象徴的な出来事がある。21年5月、業界団体である日本鉄鋼連盟の会見でのことだ。会長を務める橋本は「個社としての話」と前置きした上で、「『ひも付き』は国際的にも理不尽に

橋本(左から二人目)は製鉄所を回って強烈なメッセージを発し、危機感を訴えた

安く、是正しないと安定供給に責任を持てなくなる」と訴えた。

ひも付きとは、特定の大口顧客との取引を指す業界用語。「いくら大口顧客だといっても価格が安すぎては供給できない」という決意を世間に示す、乾坤一擲《けんこんいってき》の発言だった。

〝買ってもらっている立場〟の素材メーカーが〝買ってくれている立場〟の顧客に「安ければ供給できない」と物申すのは、鉄鋼業界のみならず製造業全体で見ても前代未聞といえる。「慣習や常識にとらわれるな」と訴えた橋本は、リーダーとして自ら社員たちに範を垂れた。

そして、橋本の名古屋製鉄所訪問から約1000日後の22年5月10日。日本製鉄が発表した22年3月期の連結決算（国際会計基準）は記録ずくめだった。

売上高に相当する売上収益は前の期比41％増の6兆8088億円、本業のもうけを示す事業利益は同8・5倍の9381億円。連結純利益と合わせ、そろって経営統合後の過去最高を記録した。ROS（売上収益利益率）は13・8％と前の期比12ポイントも増え、こちらも過去最高となった。

しかも、粗鋼生産量が14年3月期の直近のピーク時から約15％も落ち込んでいるという逆境をはねのけての好業績だった。鉄鋼メーカーの売上収益は生産量に依存しがちだが、日本製鉄は収益体質を変えて生産量に頼ることなくV字回復を達成してみせたのだ。この時点での時価総額は2兆600億円と、橋本の社長就任前と比べ11％増えていた。

「我々がやってきたことは間違っていなかった」。オンライン決算会見の席上、副社長の森高弘は画面越しに声を震わせた。そこに「遅くて重い鉄の巨人」はもういない。赤字を垂れ流していた名古屋製鉄所も息を吹き返し、収益力は見違えるほど強くなった。

伝統的な大企業である日本製鉄は、いったいどのように変革を成し遂げ、甦《よみがえ》ったのか。

日本製鉄の主な製鉄所と特色

北日本製鉄所

- 自動車のエンジンや足回り用、ボルト・ナット類など棒鋼とタイヤの骨格材や吊り橋などに使う線材が主力
- 釜石地区は日本初の高炉が誕生した地

東日本製鉄所

- 自動車用鋼板から造船や建設機械用の厚板など幅広い品種を手掛ける
- 君津地区には脱炭素に向けた水素還元製鉄の試験炉があり、鹿島地区は設備のデジタル化で先を行く

名古屋製鉄所

- 薄板が製品の9割を占め、自動車用鋼板の主力拠点
- 前身は地元財界と富士製鉄の共同出資で設立された会社で、自動車業界とのつながりは強い

かつては16製鉄所体制だったが、20年に6製鉄所14地区に再編。社長直轄となった。業務の重複や縦割りを廃して操業効率を高める狙いだ。製鉄所のシンボルとも言える高炉は、1988～93年の鉄鋼不況期に休止になったものも多く、広畑や釜石、堺の製鉄所から高炉の火が消えた。さらに25年3月期にかけての構造改革でも、製鉄所の収益性を高めるために複数の高炉の休止を決めている。

瀬戸内製鉄所

●広畑地区は高級鋼の筆頭格であるモーター用電磁鋼板の主力拠点
●電気で鉄スクラップを溶かして製造する電炉も新設、22年から稼働

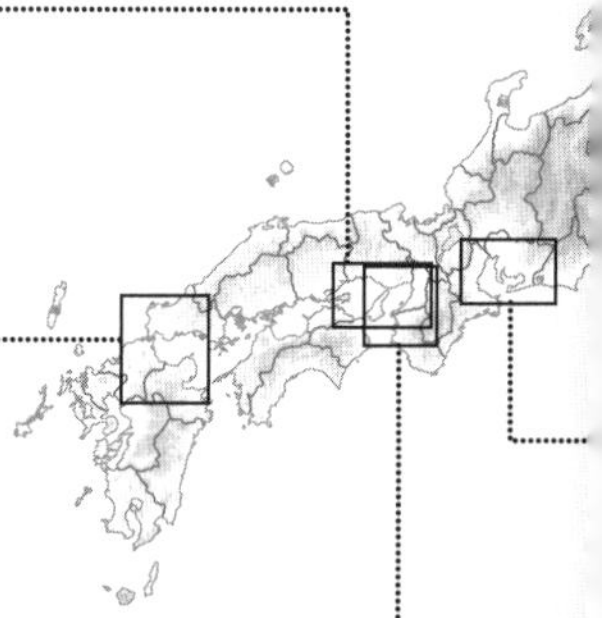

九州製鉄所

●大分地区は中間製品である「熱延鋼板」の最大製造拠点。設備群が巨大で生産性は日本製鉄随一
●八幡地区は官営八幡製鉄所を事実上受け継ぐなど120年の歴史を持つが、脱炭素で高炉から電炉への切り替え検討が進む

関西製鉄所

●和歌山地区は石油・ガスの生産井戸などに使う鋼管が主力
●「製鋼所」は事業所名。国内シェア100%の鉄道車両用の車輪などを手掛ける

これまでの日本製鉄

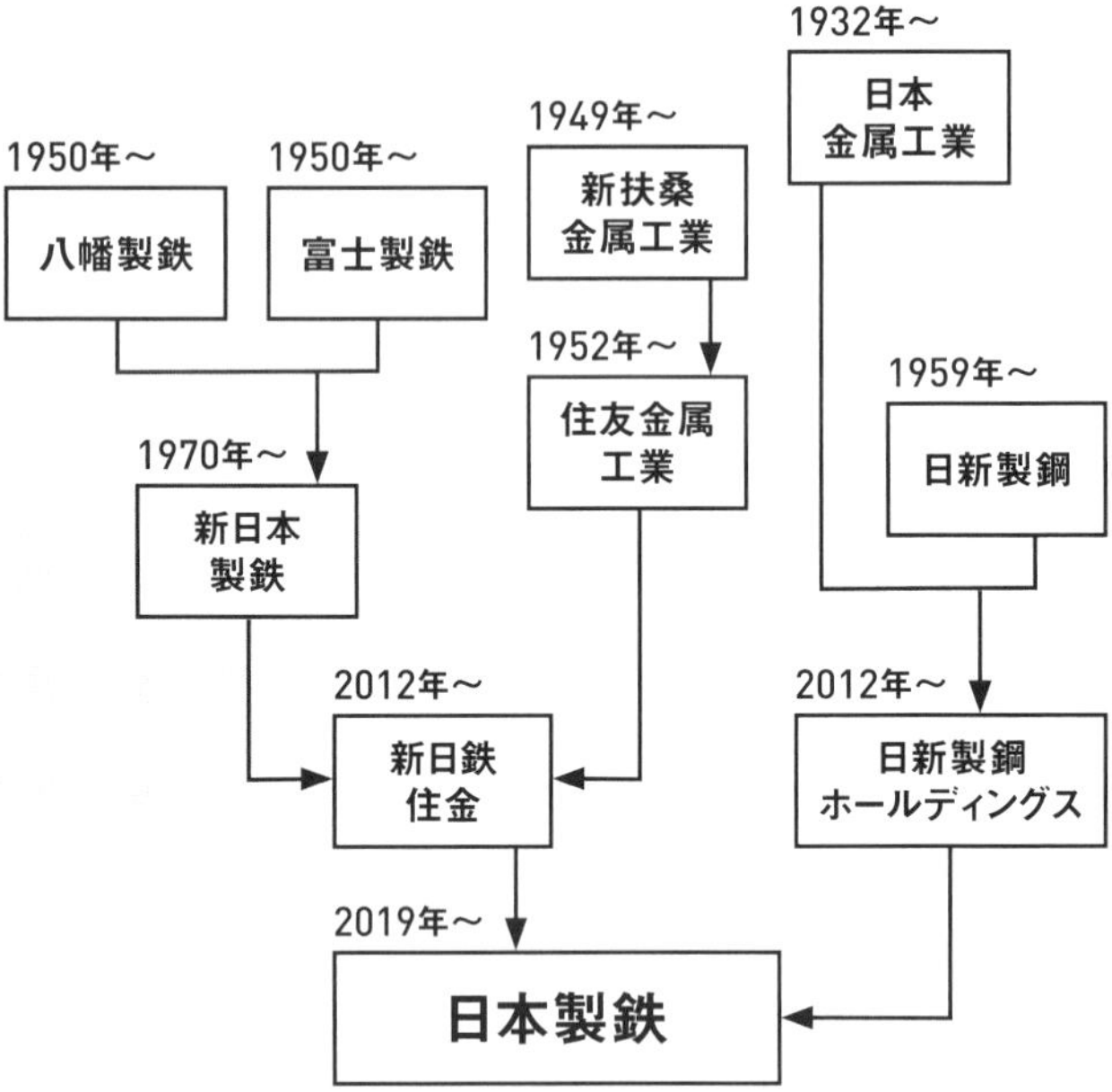

日本製鉄は源流をたどると高炉メーカー4社に行き着く。中でも一大勢力は富士製鉄と八幡製鉄が1970年に合併した新日本製鉄。当時、売上高で日立製作所を抜いて国内企業の首位となり、粗鋼生産量でも世界首位となった。

世間を驚かせたのが2012年の新日鉄と旧住友財閥系の住友金属工業との経営統合。当時世界首位の欧州アルセロール・ミタルや台頭する中国勢の脅威を受けて大同団結した。その後、日新製鋼を完全子会社化し19年、「One Nippon Steel」の意味を込めて日本製鉄に社名変更した。

日本製鉄の業績

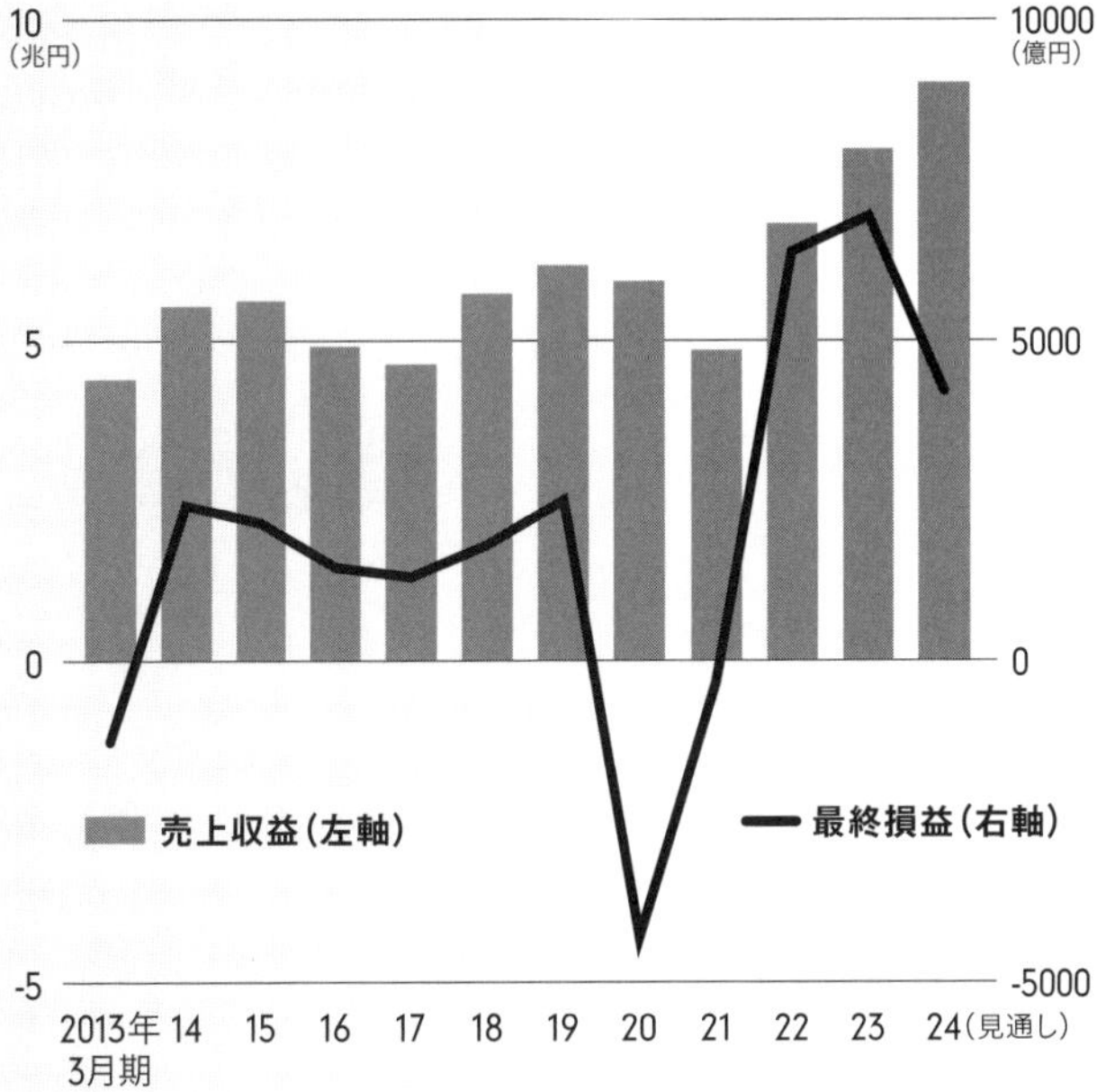

日本製鉄は2020年3月期の連結決算で過去最大の最終赤字に陥った。国内製鉄事業は2021年3月期まで4期連続の営業赤字に沈んだ。売上収益は19年3月期に6兆円を超えたが、その後5兆円を切る水準まで低下。売上収益利益率も目標とする2桁には程遠かった。

だが、19年4月に社長に就任した橋本英二氏の下、痛みを伴う構造改革を断行し、V字回復を成し遂げることになる。売上収益を大幅に伸ばしつつ、10％程度の利益率を確保している。

鉄鋼製品ができるまで

上工程

高炉

鉄鉱石とコークス（石炭を蒸し焼きにした燃料）を2000度以上にもなる高温で反応させ、溶けた鉄（銑鉄）を作る

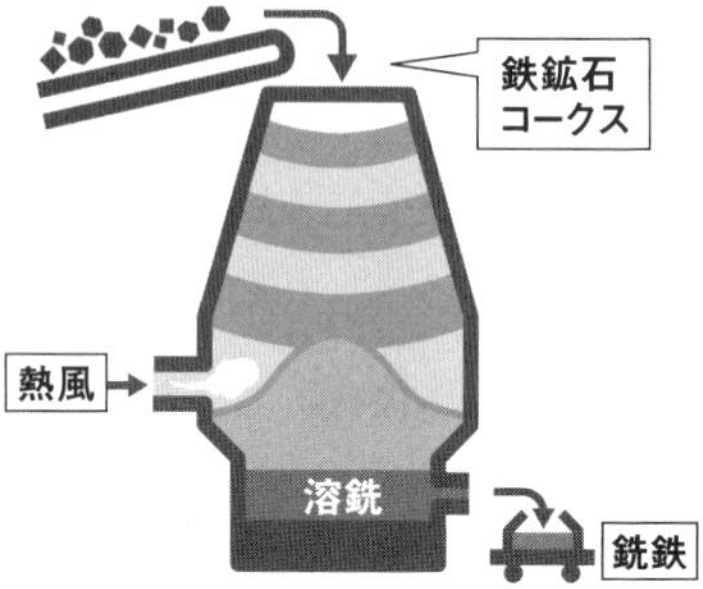

転炉

銑鉄に鉄スクラップなどを入れ、酸素を吹き込み不純物を除去。強い鋼を作る

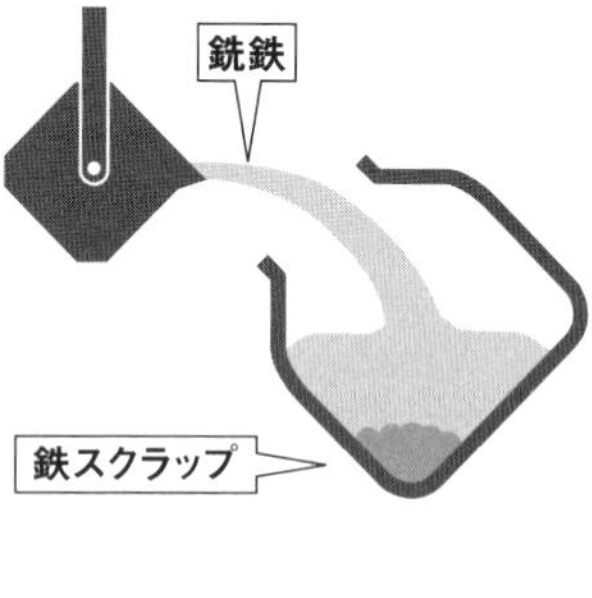

連続鋳造

鋼を型に流し込み、鋳造する。かまぼこ板状の半製品「スラブ」を作る

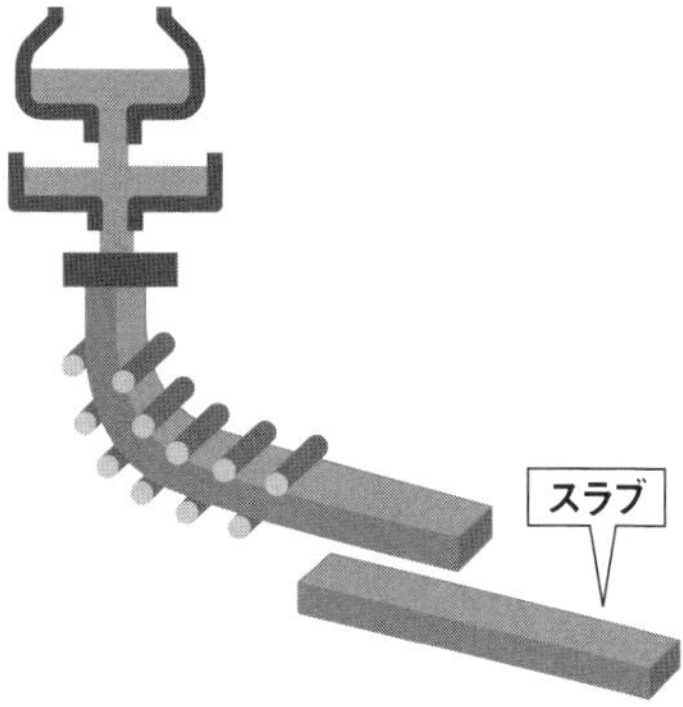

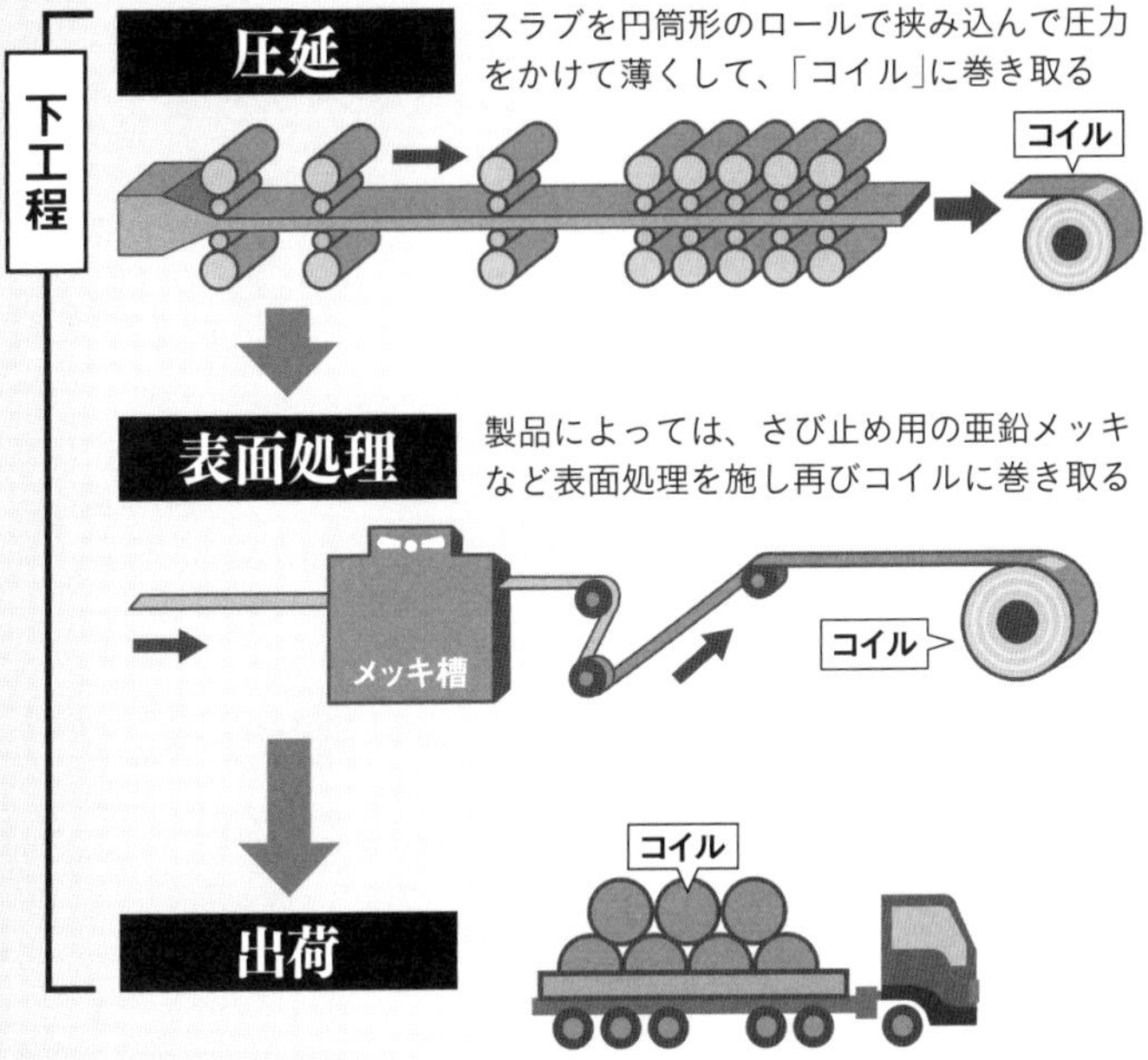
下工程
圧延
スラブを円筒形のロールで挟み込んで圧力をかけて薄くして、「コイル」に巻き取る
コイル
表面処理
製品によっては、さび止め用の亜鉛メッキなど表面処理を施し再びコイルに巻き取る
メッキ槽
コイル
出荷
コイル

高炉からあふれ出るオレンジ色の溶けた鉄（銑鉄）は、まるで火山のマグマのようだ。高炉に穴を開け、銑鉄を取り出す時には鮮烈な火花が飛び散る。

800〜1200℃に熱したかまぼこ板状の鉄を薄く延ばす圧延工程では、圧延機から10メートルほど離れた距離でも強烈な熱気を感じる。夏場だとまるでサウナ。汗が滝のように滴り落ちる。

高炉がない「下工程」の設備だけを持つ製鉄所もある。高炉のある別の製鉄所からスラブを供給してもらい、圧延や表面処理をして出荷する。

日本製鉄を知る4つの数字

日本製鉄の6製鉄所の
面積を合計すると

東京ドーム
1715個分

君津製鉄所内で銑鉄などを
運ぶ鉄道レールの全長は

山手線
2周分

製鉄所内で発生するガスを回収して
発電しているが、
日本製鉄の総発電容量は

九州電力に匹敵する
約800万
キロワット(火力設備のみ)

日本製鉄の製鉄所が
消費するエネルギー量は

日本全体の
約5%

日本製鉄はとにかくスケールが大きい。鉄鋼は「重厚長大」産業の代表格であり、膨大な設備群やエネルギー使用量は、経済波及効果の大きさも表している。手掛ける製品もダイナミック。例えば日本最長のつり橋である明石海峡大橋（3911メートル）を支える鉄鋼ワイヤーを１本につなげると、約30万キロメートルに達する。これは地球約７周半分の長さになるという。

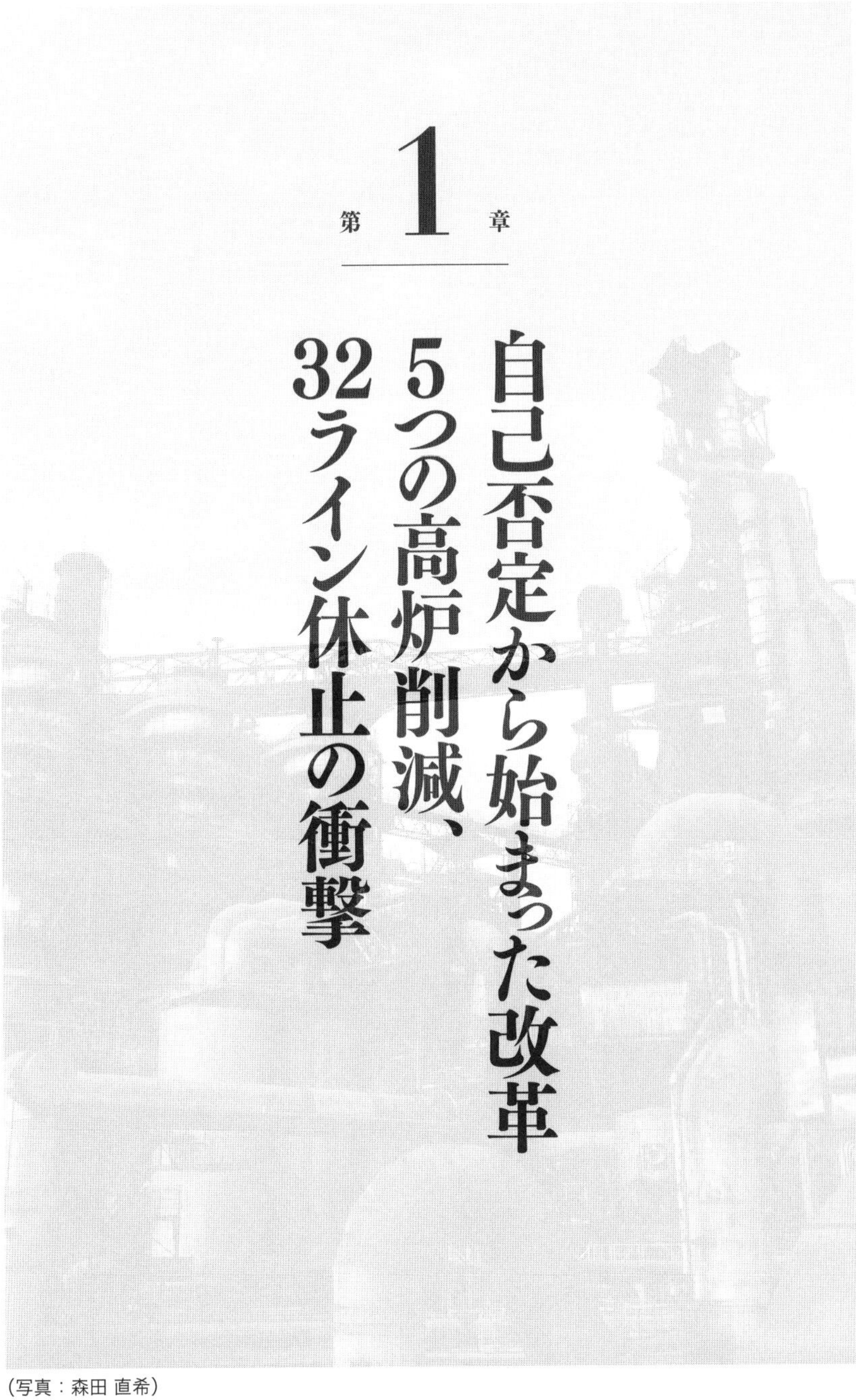

第1章

自己否定から始まった改革
5つの高炉削減、
32ライン休止の衝撃

（写真：森田 直希）

2019年、日本製鉄の国内製鉄事業はキャシュアウトが止まらなくなっていた。「このままでは潰れる」。どん底で社長に就任した橋本英二は自らに重い責務を課した。「上からの改革を徹底し2年でV字回復させる」。うみを出し切る過程で過去最大の最終赤字に陥っても、多くの社員が会社を去っても、橋本は泰然自若《たいぜんじじゃく》としていた。

どん底からの船出

地球の裏側から帰国してすぐに覚えた違和感は、社内に漂う雰囲気だった――。

2016年、橋本は赴任先のブラジルから日本に3年ぶりに帰国した。ブラジルでは、アルゼンチンの製鉄大手テルニウムとの製鉄合弁会社、ウジミナスの副社長として、社内で起きていた経営混乱の火消しに奔走していた。橋本は引き続き難事に当たるつもりだったが、日本に呼び戻されたのだ。

橋本が久しぶりに東京・丸の内の本社に出社すると、社内は先行きを楽観視するムードにあふれていた。聞けば「高級鋼が売れている」「内需が好調」と言う。

表向きはそう見えるかもしれないが、橋本は実態を見透かしていた。第2次安倍晋三政権における経済政策「アベノミクス」による円安や、自動車メーカーの輸出好調の恩恵を受けて採算が改善していただけだ。それに加え、持ち合い株の解消という大義名分の下、10年間で1兆円もの株式を売却し、特別利益として吐き出していた。

「お互い苦しくなって統合した」

〝外部環境依存症〟だけではない。橋本が社内を見渡しながら不安に感じていたのは、会社から漂う「うぬぼれ」だった。「統合で規模が大きくなったことで、全員が勘違いしていた。みんな、全体感が分からなくなっていた」。後にこう振り返った橋本が言う「統合」とは、旧新日本製鉄と旧住友金属工業の経営統合を指す。

12年に誕生した巨大鉄鋼メーカー、新日鉄住金。その連結売上高は約4兆3900億円、従業員数は7万6000人。世界の鉄鋼市場で首位の欧州アルセロール・ミタルに次ぐ第2位に躍り出た。中国勢も台頭する中、合併によってグローバル競争を勝ち抜くのが狙いだった。

だが、「外には立派なことを言っていても、お互い苦しくなって統合した」と橋本は言う。統合後の業績は、かりそめのものだと見ていた。

「今やらなくて、いつ抜本的な改革をやるんですか。このままでは新日鉄住金が潰れる」。ブラジルから帰国した16年に代表権のある副社長になった橋本は、社長の進藤孝生にかみついた。東京・丸の内の本社14階にある役員室で、真っ昼間から言い合いをしたこともある。

当時の橋本はグローバル事業担当。17〜18年には欧州アルセロール・ミタルと共同で約8000億円を投じることになるインド製鉄大手エッサール・スチールの買収案件などに取り組んでいた。グローバル事業に全力投球をしながらも、会社全体の行く末について意見せずにはいられなかった。経営を監督する取締役としての責務でもあった。

橋本の予感は的中する。18年3月期には国内製鉄事業が統合後初の営業赤字に転落。翌19年3月期も不調が続き、国内製鉄事業は初めての2期連続赤字となる。

新日鉄と住友金属がそれぞれ持っていた製鉄所に抜本的に手を入れず、生産規模を維持していたことが裏目に出た。需要よりも供給が多い状態が続き、営業は安値販売に走る。それは製鉄所の稼働率を維持するためでもあったが、鋼材を作れば作るほど赤字になる悪循環にむしばまれていた。

営業赤字が深刻化する中、本社や各製鉄所に重苦しい空気が立ち込めるようになった。「社長任期5年」という慣例の中、進藤は回復の道筋を示しきれぬまま19年4月にその座を譲ることになる。

後継として指名を受けたのが、進藤に何度もかみついていた橋本だった。「使命感と責任感、優れた説得力を持ち、具体的な行動に移せるリーダー」。進藤は19年1月に開いた社長交代会見で、橋本をこう評した。

二つに割れた社内の声

このトップ交代について、当時、社内の声は真っ二つに割れていた。

橋本は、アジアなどグローバル市場への洞察力と常識にとらわれない実行力で日本製鉄の収益拡大に腕を振るってきた人物だ。歯に衣着せぬ物言いで知られ、社内や顧客との間で摩擦を起こすこともあった。とはいえ、それも会社にとってベストな道を行こうとするため。

そうした強力なリーダーシップでしか、倒れかけた〝鉄の巨人〟を立て直せないのではないか。橋本を歓迎する多くの者たちは、そんな待望論を抱いていた。

橋本の就任を不安視する者たちが指摘したのは、強力なリーダーシップと表裏一体にある厳格さがリスクになることだ。橋本は仕事について自身に厳しいだけでなく、他者にも厳しい。その激しい言動が各方面に及べば、求心力を保てなくなる可能性があるとの見方だった。

実はこの時、橋本の社長就任を強く推挙したのは会長だった宗岡正二とされる。宗岡は自動車用などの鋼板の営業を担当していたころ、同じ部署にいた橋本の一挙手一投足を見ていた。顧客にも忖度《そんたく》しない姿勢を評価し、「危機を突破できるのは橋本しかいない」と考えていたようだ。

退路を断った「2年以内のV字回復」宣言

19年4月、新日鉄住金は社名を「日本製鉄」へと変更した。橋本の社長就任と同じタイミングだった。

新社名はとりもなおさず「One Nippon Steel」を意味する。「住金」の看板を外し、19年1月に完全子会社にした日新製鋼も含めた3社を名実ともに一体化する。1つの船で改革に向かおうという決意の表れだった。

だが、その巨艦〝日鉄丸〟は沈没の危機にある。橋本は新会社の船出にあたり「船長」として3つの帆を揚げた。

まず、「2年以内のV字回復」だ。手本にしたのは、事業再生の専門家として知られるミスミグループ本社名誉会長の三枝匡。三枝は過去、大赤字から2年で業績を回復させた実績を持つカリスマ経営者だ。橋本が「このままキャッシュアウトが続けば日本製鉄に3年目はない」と見越していたことも2年に区切った理由の一つだ。

2つ目は「上からの改革」。「日本のドラッカー」「社長の教祖」などの異名を取り数千社を指導した経営コンサルタント、一倉定《いちくらさだむ》の「改革はすべて上からであり、問われるのはマネジメント力」という訓示を肝に銘じた。

最後の帆は「論理と数字がすべて」。論理と数字を基に導き出された結論には「いかなる犠牲や反発があろうとも従ってもらう」と宣言した。嫌われ役になろうが異端と言われようが、鬼になる覚悟だった。

「赤字対策委員会のような組織を作る必要があるのでは」。橋本の就任当初、こう進言するOBたちもいた。赤字企業では、再建計画をまとめ上げて実行に移す特別な組織を立ち上げるケースが多い。しかし、橋本は取り合わなかった。とにかく時間がない。大所帯の組織で上を下への大騒ぎとなれば、動きが遅くなり、2年以内の回復が遠のく。

委員会組織に見向きもしなかったのには、もう一つ理由がある。経営の第一線に立つ役員自らが危機の本質を見抜いて再建の道筋を描き、実務を通して変革していくマネジメントを会社に定着させたかったのだ。委員会任せにすると、どうしても現場との間で意識の乖離《かいり》が起きる。ラインの経営執行責任者が改革の責任を持たなければ、どこが病巣か、どう執刀すればよいのかがはっきりしなくなってしまうと考えたわけだ。

橋本は第一線に立つ改革メンバーを少数精鋭に絞り、先鋭的に意思決定をしていくことを社長に就任する前から決めていた。

初年度に戦陣の「飛車」「角」として置かれたのは、経営企画の右田彰雄と財務の宮本勝弘という2人の副社長。特に右田は新日鉄住金発足以来、最年少の副社長で、年功序列型の人事を重んじる日本製鉄からすると異例のスピード抜擢だった。その2人を中心に再建に向けた大改革が始まった。

一刻の猶予も許されない

国内製鉄事業が赤字に陥っていた諸悪の根源は、国内製鉄所の供給過剰と高コスト構造だ。需要が少しずつ減っているにもかかわらず、鉄づくりの源である「高炉」は90年前後に大幅に閉鎖して以降、19年まで1基の削減にとどまっていた。

高炉は鉄鉱石を溶かしながら酸素を取り除いて「銑鉄」を製造する上流工程の大型設備で、その固定費は重い。そして、一度止めたら再稼働に長い時間がかかるため、24時間365日の連続稼働が前提となる。つまり需要が減るほど、鋼材1トン当たりにかかるコストが上がってしまう。

老朽化した設備をそのまま使わざるを得なかったことも、生産性の低下につながっていた。製鉄事業でキャッシュを稼げず、改修したり入れ替えたりする投資もままならないという事態になっていた。

「とにかく固定費を抜本的に削り込まなければ利益は出ない」。橋本は就任早々、国内の全16製鉄所を回り始める。

経営トップによる製鉄所訪問はそれまでも定期的に実施していたが、対話をするのは製鉄所長や総務部長といった上位の幹部層だけに限られていた。橋本は、さらに現場に下りていく。スーツから作業着に着替え、高炉や「鋳造」「圧延」などそれぞれの工程を束ねる現場リーダーである工場長、工程内の設備を担当する課長まで対話する相手を広げた。

20年以降は、新型コロナウイルスの感染が拡大。移動や面談に制限を受けるようになったが、それでも直接対話にこだわった。自分たちが「重病人」であることを現場の隅々まで認識してもらうためだ。もはや一刻の猶予も許されなかった。

それぞれの製鉄所は詳細な資料を作って橋本に説明した。ただし、ごまかしや辻つま合わせは通用しない。

「予算は確保されているが、設備トラブルを繰り返し、結果的に著しく低い収益性に陥っている」「予算に対して実績が追い付いていないのに、できもしない計画を立てる」――こうした実態が見えてきた製鉄所の所長に対しては、納得のいく説明をとことん求めた。時に途中で説明を打ち切り、無責任な言動に対しては烈火のごとく怒った。

生産量1トン当たりの利益が落ち込んでいるのに過大な設備を温存しようとしたり、予算を達成して利益が出ると装って固定費削減に取り組まなかったりする製鉄所もあった。そんな時は「もう一度考え直してほしい」と突き放した。

特に収益体質がぜい弱な製鉄所を、橋本は「集中治療室」と表現した。対象になったのは名古屋製鉄所や九州製鉄所大分地区など。特に名古屋は3カ月に一度、橋本自ら現場に乗り込み、改革に目を光らせた。課題と打つべき手を細部にわたって幹部と共有し、甘えを許さずに実行を促した。一方で、現場からも意見を吸い上げて、製鉄所ごとのマネジメントに反映した。

橋本の製鉄所訪問回数は1年間に三十数回に及んだ。これは、どの歴代社長より多い。直接対話で課題をあぶり出し、利益につながる改革をやり切ってもらう。そんな覚悟の表れだった。

呉地区は、旧日新製鋼が高炉を擁する唯一の製鉄所だったが、23年10月から解体が始まった

呉地区全面閉鎖の衝撃

合理化の本丸は、高炉の休止だ。現場の巡視を経て最初に動いたのは、20年2月のこと。瀬戸内製鉄所呉地区（広島県呉市）と関西製鉄所和歌山地区（和歌山市）が対象となった。

特に地元に大きな衝撃を与えたのが呉地区。もともと、2基ある高炉のうち1基の休止が決まっていた。それが、残る1基も閉鎖し、下工程の熱間圧延工場を含めて全面的に閉鎖することになった。

この製鉄所は、19年に完全子会社にした

日新製鋼（19年から日鉄日新製鋼に商号変更）の主力拠点だった。1951年に旧日本海軍の「呉海軍工廠《こうしょう》」跡地に建設され、地元では日本製鉄が買収した後も「日新」の名で親しまれた。最盛期には協力会社を含め4000人以上が勤務。呉市の法人事業税の納入額上位を占めるなど、まさに地元経済を支える顔だった。

寝耳に水の発表

「事前に情報提供もなく、決定事項として発表したのは遺憾」。2月7日、日本製鉄の発表を受けた広島県知事の湯崎英彦は日鉄日新製鋼社長の柳川欽也と面会し、憤りをにじませた。柳川はこうべを垂れるしかなかった。

呉市長の新原芳明も寝耳に水だった。高炉1基の休止が決まっていたため、規模の縮小は覚悟していただろう。ただ、全面閉鎖とは思いもよらなかった。「市民の雇用を守らなければ」と、3日後には県と一緒に対策チームを立ち上げた。新原はその後、ビジネスモデル転換支援事業など財政の積極活用で地元経済の綻びを修復しようと、日本製鉄にも協力を要請した。

製造業の工場閉鎖は地元経済への影響が大きいため、事前に自治体に根回しするのが慣例になっている。だが、上場企業としては、経営に大きなインパクトを与える内容のため、外部に漏れないよう厳重に情報管理をする必要がある。さらに、日本製鉄にとって会社が生きるか死ぬかの瀬戸際。そんな場面での取締役会決議について、自治体との事前協議は簡単にはできなかった。「地元経済にこだわっていては日本製鉄の経営全体の傷口が広がりかねない」。橋本は、非情と知りつつも全面閉鎖を決めた。

2月17日、新原と湯崎は日本製鉄の本社を訪れ、閉鎖の見直しを求めた。だが、対応した副社長の右田は「雇用には最大限配慮する」と返すのが精いっぱいだった。

呉地区の全面閉鎖は必然とも言えた。呉地区の高炉は、炉内の容積が日本製鉄の大型高炉の半分以下にとどまる。原料の石炭を蒸し焼きにした「コークス」を製造する炉もないため、外部から購入していた。おのずと高コスト構造になり、それが収益を圧迫。事故や災害も頻発し、赤字を出し続けていた。

閉鎖を発表した20年2月時点で、協力会社を含めおよそ3300人が働いていた。23年9月までに1100人が離職。日本製鉄社員の半数強が退職を選んだ。残りは、県外の他の製鉄所などへの配置転換となった。

過去最大の最終赤字に

呉地区閉鎖の発表から3カ月後の20年5月8日。日本製鉄がこの日明らかにした20年3月期決算は、連結最終損益が4315億円の赤字となった。赤字幅は新日鉄と住友金属の統合後で最大だった。主力の国内製鉄事業は不振から抜け出せず、3期連続の赤字に陥った。説明会での橋本の口ぶりは重かった。

「本来であれば伸びるはずの需要も期待できない。未曽有の危機だ」

巨額の赤字は高炉閉鎖や設備の統廃合などによる減損損失が主因だが、20年4月以降のコロナ禍による需要の冷え込みもあり、トンネルの出口が見えなくなっていた。呉の閉鎖や和歌山の高炉休止だけでは収まらず、さらなる痛みを伴う改革が求められた。

橋本は新たに方針を打ち出す。「今の（国内の粗鋼年産能力）5000万トンから1000万トン減らす。どの設備を休廃止すれば損益分岐点を大きく下げられるか、1トン当たりの収益力が高まるか、くまなく分析してほしい。生産合理化に聖域はない」

驚きの号令だった。粗鋼とは、高炉で製造した銑鉄を「転炉」に入れ、炭素や不純物を取り除いてできた鋼のこと。鉄鋼業界では生産能力を粗鋼換算で考える。上工程のムダをそぎ落とすために生産能力を2割も減らすという激しい構造改革に乗り出すことになった。

経営企画担当常務に異例の技術出身者

「粗鋼生産能力の2割削減」——。この大手術を託されたのが、20年6月に常務取締役に就任し、後に副社長となる今井正だ。今井は前年に名古屋製鉄所長から経営企画担当の常務執行役員に抜てきされたばかりだった。

実は日本製鉄において、製鉄所の操業や設備など技術一筋だった人物を経営企画担当に置くのは異例。しかも年次は橋本より9つ下と若い。経営企画を担当していたのは副社長の右田だったが、今井ほど生産や設備には精通していない。

橋本が改革の〝一丁目一番地〟と位置付ける製鉄所のリストラには、技術を熟知した懐刀が必要になる。しかも橋本は、コストを引き下げる守りだけではなく、改革後に攻めに打って出られる生産体制の構築という一挙両得を狙っていた。

これは短期的に経営を上向かせる対策にとどまらず、中長期的な経営の行く末を左右する意思決定になる。そこで右田のもとに今井を置き、製鉄所改革と経営企画を一体的に担わせた。

「改革は守りのように見えるが、実は攻めでもある。カーボンニュートラル（温室効果ガスの排出量実質ゼロ）が叫ばれ始めた中、しっかり稼ぎながら脱炭素にもつながる全体最適の生産体制を経営陣で議論していかなければならない」。今井は、大役に並々ならぬ意欲を燃やした。

経営企画担当の常務取締役になった今井正は、生産・供給体制の複雑化が高コスト構造の原因と見抜いていた（写真：北山 宏一）

身長が高く知的な雰囲気をまとう今井は、技術者として王道のキャリアを歩んできた。1988年に東大大学院で金属工学の修士課程を修め、旧新日鉄に入社。現場では名古屋製鉄所製鋼部を振り出しに、製鉄所の上工程を一筋に歩んだ。93年には米国のマサチューセッツ工科大学に留学。97年に同大学の博士号を取得している。

その後も名古屋や君津など主要な製鉄所で要職に就き、生産性の向上に貢献してきた。14年に君津の生産技術部長に就任。新しい役割でさらに力を尽くしていたが、その年の11月、急きょ名古屋製鉄所の生産技術部長に異動する。当時、名古屋は〝火事場〟だった。

火災や停電を繰り返し、生産の地盤沈下がかつてないほど深刻になっていた。当時の社長、進藤も頭を抱えており、生産技術のリーダーとして定評のある今井に白羽の矢が立った。

名古屋に移った今井は、設備保全や人員配置などあらゆる対策を見直し、必要な投資と人材教育を断行していった。「次に大事故を起こしたら操業停止になってしまう。我々には後がない」。現場を預かる社員たちにこう伝えて危機感を植え付けていったが、それだけでは現場の空気は変わらない。

「どうすれば腹落ちしてもらえるかを日夜考えた」。今井は、当時をこう振り返る。名古屋製鉄所はトヨタ自動車や三菱自動車など自動車メーカーのお膝元にあり、出荷量の実に9割は薄板で、このうち7割が自動車向けだ。日本製鉄の看板商品である「ハイテン」と呼ばれる高張力鋼板の最大の供給拠点となっている。「プライドと強さを忘れるな。弱いところは責任感を持って克服しよう」。こう訴え、社員にやる気とチームワークを芽生えさせていった。

付いたあだ名は「詰め将棋」

名古屋製鉄所での今井は毎朝、人よりも早く出社して現場を巡回し、従業員から操業状況を聞いた。その後の幹部を交えた朝の全体会議で自分が見聞きした内容と違う話が出てくると、次々と疑問を投げかけた。付いたあだ名は「詰め将棋」。ごまかしを許さない理路整然とした対話を通して、製鉄所全体の規律意識も高まっていった。

物腰は柔らかいものの、直言居士。入社した時から、納得がいかなければ上司に異議を唱えてきた。ある時上司から「意見をするのは構わない。だが、異論を2回言って通らなかったら引き下がれ。我々は組織で仕事をしていて、上長が責任を負うのだから」とたしなめられたこともある。

本社の技術総括部の室長時代には、各製鉄所から集まってくるえりすぐりの他の室長たちから「今井のような部下がいたら大変そうだな」と冷やかされた。

橋本は、常務執行役員に引き上げるまで今井と直接会話したことはなかったという。それでも、「詰め将棋」と言われるほどの切れ者の存在を聞きつけ、扇の要に置いた。

今井は、日本製鉄の業績が悪化する前から「構造改革が不十分だ」と見ていた。高炉の数の多さもさることながら、圧延など下工程の設備も多く温存されていたからだ。

鉄鋼の製造は、一般に「上工程」と「下工程」に分けられる。高炉で鉄鉱石から製造した高温で液体状の「銑鉄」を取り出し、転炉と呼ばれる設備で不純物を取り除く。それを鋳造して「スラブ」という巨大なかまぼこ板状の鋼片をつくる。ここまでが上工程だ。

スラブを薄く延ばして巨大なロール紙のように巻き取ったコイルにする圧延や、熱処理で内部の組織を均一にする焼鈍《しょうどん》、表面をきれいにしたり腐食しにくくしたりするメッキなどは下工程に位置付けられる。

旧新日鉄と旧住友金属は、それぞれ90年前後の不況期に高炉を休止させて生産量を縮小してきた。ところが、下工程の設備の統廃合が不十分で、上工程を持つ製鉄所から全国各地に散在する下工程の設備にスラブを供給する体制（分譲体制）はそのままだった。全国を股にかけたスラブの在庫管理や物流網の複雑さが温存されたことが高コスト構造の一因になっていた。

かつて本社の技術総括部で全社的な生産計画を担当した経験を持つ今井は、その時からこの問題意識を持っていた。12年の新日鉄と住友金属の合併時にも技術総括部に所属しており、技術関連の統合について議論する事務局の幹部として仕事に当たった。今井が異動した後、19年までに新日鉄住金は君津製鉄所の高炉1基を止めたが、今井の頭の片隅には「分譲体制温存による損益分岐点の高さは、いずれ合併会社を苦しめる」という思いがあった。

君津か、鹿島か

常務取締役に抜てきされた今井は、この分譲体制を一新するため大なたを振るう。製鉄所の上工程と下工程ごとに、1トン当たりの利益や固定費、歩留まりの良しあしを検分した。今後の設備更新の内容やタイミングで資産効率がどう変わるかまで詳細に査定。時間があれば製鉄所を回り、自ら目を皿にして設備や操業の状況を見極めた。

逡巡を繰り返したのが、東日本製鉄所鹿島地区（茨城県鹿嶋市）と同君津地区（千葉県君津市）のリストラだ。供給過剰を解消するために、距離が110キロメートルと近接している2つの製鉄所のどちらかで高炉を1基止める必要に迫られた。

鹿島は、高炉への原料の搬送から製品の出荷に至るまでのモノの流れ方や設備配置がシンプルで、品種も君津に比べ少ない。このため、収益性は鹿島の方が高い。単純に考えれば君津の高炉を休止しそうなものだが、最終的に鹿島の高炉を止めることを選んだ。

君津は高級鋼の割合が高かったからだ。改革にまい進する日本製鉄は、薄利多売を避け、競争力が高い高級鋼を拡販する勝ち筋を描いていた。やむを得ない選択だった。

脱炭素視野に設備を厳選

とはいえ、鹿島は旧住友金属の主力製鉄所。その伝統を考えれば、高炉休止の決断は簡単ではない。今井は、旧住金出身で新日鉄住金の初代社長を務めた友野宏を訪ねた。

「高級鋼、高級鋼と言うが、結局もうかってないやないか。それやったら収益力がある方を残すのが当然ちゃうんか」。今井の話を聞いた友野は、根っからの関西弁で異論を唱えた。

今井の切り札は、高級鋼に適した設備入れ替えによって収益力を取り戻すプランだった。

「詰め将棋」らしく、その理詰めには自信がある。「鹿島か君津かではなく、全体最適の中で日本製鉄の体質を強化する」。今井は熱を込めて計画を説明した。じっと耳を傾けていた友野は、今井が示した方針に理解を示した。

生産体制の改革案に知恵を絞る一方、それを完成させるには将来のビジョンとも連動させなければならない。技術畑の今井は財務や経営企画のプロフェッショナルではなかったが、独学を重ねた。マサチューセッツ工科大留学時に教えを請うた教授のテキストも引っ張り出しながら、右田と全社の経営計画に落とし込んでいった。

考えなければならないのは、短期的な固定費削減だけではない。10～20年後に日本製鉄が「脱炭素経営」を実現するためには、設備をえりすぐっておく必要がある。今井は関係者の元に足繁く通い、頭をひねった。製鉄所ごとの休廃止対象設備の計画をようやくまとめ上げたのは、20年暮れのことだった。

社長の橋本は、数字を裏付けにした論理が通らなければ提案をはねつけることもあるほど厳しい。今井は橋本を説得するのに上司部下の関係ではなく、生産サイドの代表として真剣勝負の果たし合いをするつもりで経営会議に臨んだ。

幻の日本オラクル買収を糧に

構造改革プランを練り上げた時の橋本のもう一人の腹心が、財務とグローバル事業を担当する副社長、宮本勝弘（21年6月から山陽特殊製鋼社長）だ。橋本と同じ一橋大学出身で、入社年次では2年後輩に当たる。1979年に入社した橋本は釜石製鉄所に配属されているが、その時、東京まで出向き、リクルーターとして宮本を口説き落としている。

小柄でひょうひょうとしている宮本は、財務や経営企画畑の策士として知られる。特にM&A（合併・買収）に強く、2016年には米国やインドの市場深耕が本格化するタイミングでグローバル事業も任されるようになった。

財務とM&Aに強い宮本勝弘は、橋本の腹心として構造改革を進めた（写真：宮田 昌彦）

宮本がM&Aにのめり込んだきっかけは20年以上前。新日鉄（当時）が日本オラクルの買収に乗り出した時のプロジェクトチームのメンバーとして働いたことだった。

製鉄所の生産管理システムなど独自の情報通信技術を持っていた新日鉄は、データベース管理ソフト最大手である米オラクルとの関係を深めていた。1991年からソフト販売で提携し、97年には日本オラクルの増資を引き受けて初めての外部株主になった。

日本オラクル買収に乗り出した当時、係長だった宮本は上司らと連れ立ってサンフランシスコに出向き、オラクル創業者のラリー・エリソンとも交渉を重ねた。だが、買収契約の当日になって突如、相手から中止を言い渡される。

真相は闇の中だが、宮本はその時、「満足度の高い買収条件や相手を納得させる手立てなど、何かあったはずだ」と深く考えたという。M&Aの面白さと怖さを知る出来事だったが、それを糧に社内外の難事に当たってきた。

12年に執行役員となった宮本は、新日鉄と住友金属の経営統合で面目躍如を果たした。東京都中央区の晴海にある住友金属の本社にも通い詰め、リストラ対象や統合効果、ガバナンス体制について昼夜問わず論議を交わした。統合前にそれぞれ約1200億円の減損処理に踏み切り、格付けが下がるリスクをいとわずにうみを出すことも決めた。現金を捻出するため、それぞれが提携などで二重に保有する株式をどこまで売却できるかの厳しい審査も尽くした。

橋本が引っ張った19年以降の改革でも、今井が考える製鉄所のリストラ候補について資産価値や固定費の削減効果などをプロとして吟味。今井の後方支援をした。

労組にとって「暗黒の金曜日」に

迎えた21年3月5日。午前に開かれた日本製鉄の取締役会で、今井や宮本、右田らが念入りに作り上げた構造改革の全容が議論の俎上《そじょう》に載せられた。「雇用への影響は大丈夫なのか?」。内容に目を通した社外取締役から、社員をおもんぱかる声も上がる。「最大限の配慮を尽くしながら安心して働いてもらう。退社する社員の就職あっせんも支援する」。橋本はこう応じ、動じなかった。そこには寸分の迷いもなかった。同日午後、日本製鉄は26年3月期までの5カ年に及ぶ構造改革プランを発表する。

それは、計画を初めて見る者たちにとってすさまじい内容だった。高炉は15基から10基に削減、熱延やメッキ加工など休廃止する設備もずらりと並び、その数は6製鉄所すべての32

■ 6製鉄所32ラインに及んだ国内設備の休廃止

鹿島地区	・高炉1基 ・製鋼工場 ・薄板酸洗ライン ・厚板ライン
君津地区	・連続鋳造機1基 ・建材向け大形ライン ・薄板向け溶融亜鉛メッキライン
名古屋製鉄所	・厚板ライン
和歌山地区	・高炉1基 ・コークス炉2基 ・薄板ライン
広畑地区	・溶解炉 ・ブリキ製造ライン
呉地区	全面閉鎖
八幡地区	・高炉1基 ・製鋼工場

■ 構造改革の骨子。かつてない規模の荒療治に挑んだ

国内の高炉基数	15基	→	10基
国内の粗鋼生産能力	5000万トン	→	4000万トン
コスト削減効果	総額1500億円		
要員の削減（採用抑制など）・最適配置	20%以上減		

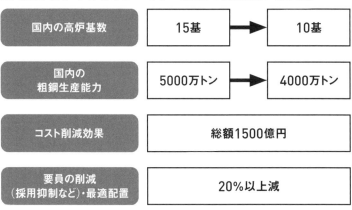

ラインに及んだ。他にも年1500億円のコスト改善や協力会社を含む1万人規模の要員削減などが記されていた。まさに荒療治だった。

大赤字からの脱却に向けた具体的な改革メニューを株式市場は好感した。発表された5日は金曜日だったが、翌週8日の東京株式市場では日本製鉄株が一時、前週末比5%高の1790円まで上昇。19年7月以来、約1年8カ月ぶりの高値をつけた。市場は、橋本の実行力に期待を寄せた。

「高炉休止は絶対に避けてほしい」

市場からの反応とは対照的に、社内は暗く沈み込んでいた。合理化計画を取締役会で決議したのと同じ日、労働組合から経営陣に手渡された意見書にはこう書かれていた。「驚きを禁じ得ない」――。全国の製鉄所ごとに置かれた労組にとって「暗黒の金曜日」となった。

25年3月をめどに「第3高炉」を休止することが決まった鹿島地区では、高炉や転炉などの上工程に配属された社員たちが不安に駆られていた。「我々は『呉』や『釜石』のようになってしまうのではないか」

日本初の高炉が置かれた釜石製鉄所は、90年前後の「聖域なきリストラ」で高炉が姿を消した。そして呉地区は、23年9月末までに完全閉鎖することがおよそ1年前に決まっていた。

改革プランをまとめた副社長の今井が検分したように、鹿島は生産性が高いものの、特色に乏しい。高級鋼の割合が高い君津、自動車用鋼板を強みとする名古屋、モーター用の電磁鋼板を製造する九州製鉄所八幡地区（北九州市）……。他の製鉄所と比べるにつれ、「残るもう1本の高炉の火もいずれ消えるのでは」という悲観論が持ち上がってくる。

「鹿島地区の高炉休止は絶対に避けてほしい」。実は日本製鉄が構造改革プランを発表する1カ月前、茨城県知事の大井川和彦は東京・丸の内の日本製鉄本社に出向き、橋本に直接懇願していた。

東日本大震災以降、500億円規模の支援を続けてきたことを大井川は訴えた。固定資産税の減免や補助金の増額も持ち出した。副社長や製鉄所長との面談なども繰り返したが、経営陣の方針は揺るがなかった。

外の陽気は春の訪れを告げていたが、東京・丸の内の本社も各製鉄所も、鬱屈したムードが漂っていた。新年度を迎える前に職場を去る者も相次いだ。特に若手の流出が激しく、各職場では抜けた穴を埋めるのに頭を抱えた。

「苦しくても今、徹底的にやらなければ日本製鉄に未来はない。そのために2年でV字回復させる」。橋本の胸中にあったのは「初志貫徹」の一言だ。改革を中途半端に終わらせることはできない。

そして、赤字の元凶だった製鉄所の改革にめどをつけた橋本は、営業にも大なたを振るおうとしていた。

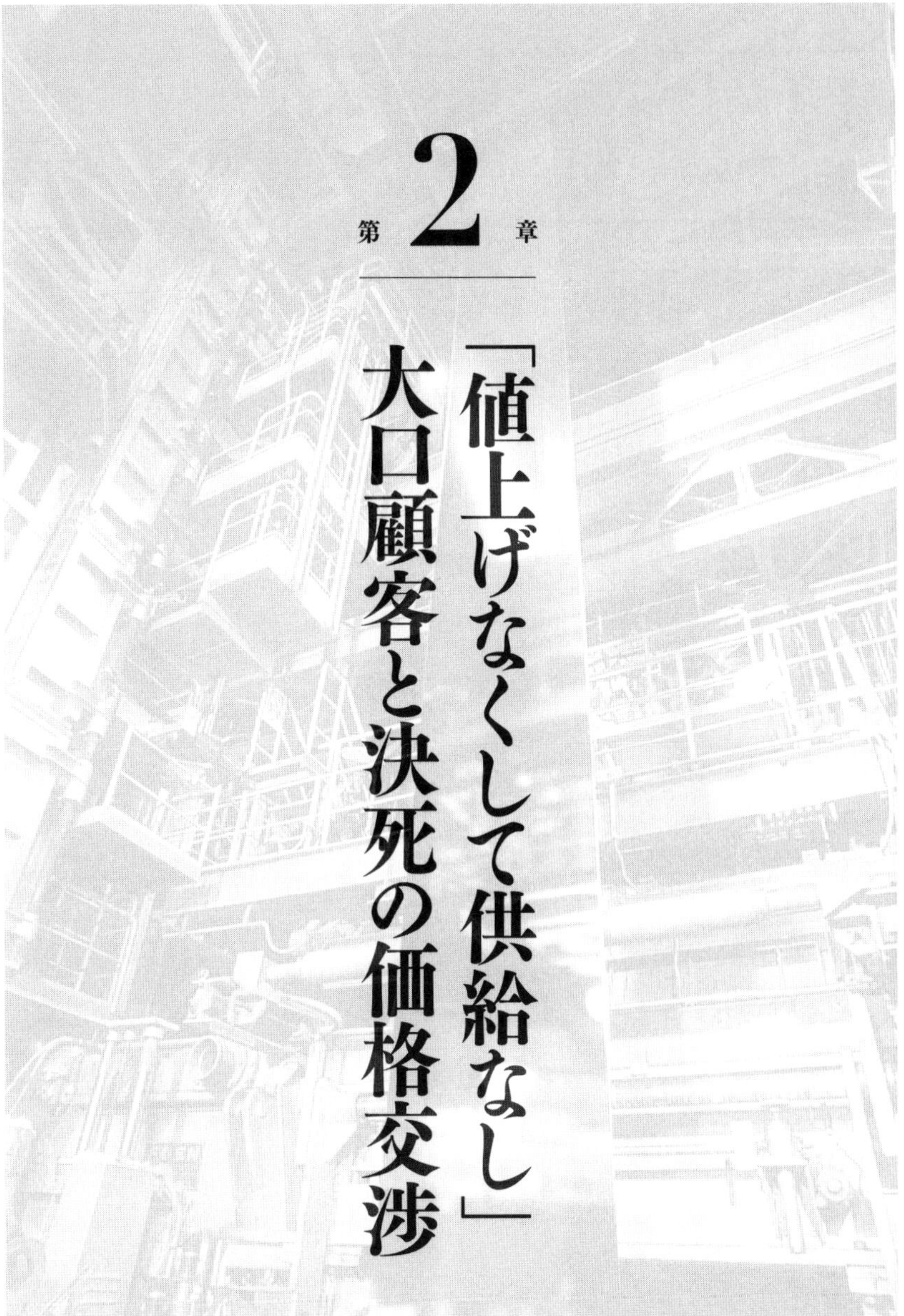

第2章

「値上げなくして供給なし」大口顧客と決死の価格交渉

およそ30年、大手顧客との価格交渉で押し切られていた日本製鉄。この負け犬体質を変えようと社長の橋本英二は営業に厳命する。「値上げしてシェアを奪われても構わない。もし値上げを認めてもらえないなら供給制限もせざるを得ないことを伝えてほしい」。それは、前代未聞の価格交渉だった。

染み付いていた負け犬体質

日本製鉄きっての自動車用鋼板の供給拠点である名古屋製鉄所（愛知県東海市）。顧客からの要求水準が最も高い自動車用鋼板を手掛ける従業員たちは、品質や納期にこだわりと誇りを持って生産してきた。

それと同時に、やるせない思いも抱いていた。「超ハイテン（高張力鋼）という高付加価値品を作っているのに、どうしてうちの製鉄所は作っても作っても赤字なんだろうか」

品質要求の厳しさゆえの歩留まりの悪さも確かにある。だが、「豊作貧乏」の根本的な要因は、販売価格の安さだった。

特定の大口顧客向けとして鋼材を生産・販売する契約を、鉄鋼業界では「ひも付き契約」と呼ぶ。ひも付きの価格交渉において、日本製鉄はこの30年ほど辛酸をなめてきた。

自動車用は、日本製鉄の出荷量の3割を占める主力鋼材だ。その価格は年に2回、トヨタ自動車との交渉で決める価格が指標となってきた。日本製鉄は、この交渉で安い価格をのまされ、十分な利益を得られずにいた。

2019年に社長に就任した橋本英二は、安売りが常態化していた原因が、他ならぬ自らにあったと指摘する。

「原料や商品価値、競合に対する優位性などを考慮し、本来は売り手が価格を決めなければならない。価格形成力がなかったのは営業以前の問題。自らの事業構造、経営そのものが決定的に間違っていた」

供給過剰から抜け出せず、数量を追うシェア争いに明け暮れているようでは、本来であれば上がってもいいはずの価格が下がってしまうという分析だ。

振り返れば、歴代の営業担当者による「不退転の決意で値上げする」という宣言は、掛け声倒れになり続けた。特に00年代は異常事態だった。中国の需要が激増して鋼板の国際相場が高騰したにもかかわらず、日本国内のひも付きの取引価格は安いままだった。

逆に中国が供給過剰に陥った10年代は、安値の鋼材がアジアに出回り、日本にも波及したことで負のスパイラルに陥った。自動車大手とのひも付き価格の交渉では、価格主導権を握れない「負け犬体質」が染み付いていた。

鉄鋼価格を決める上で重要な鉄鉱石や石炭の原料相場は、この15年ほどの間、右肩上がりで上昇してきた。中国の爆発的な需要拡大や、ファンドの投機的な買い入れなどが背景にある。15年ほど前の日本製鉄は固定費が7割、原料などの変動費は3割だったが、今や円安もあってその比率はそっくり逆転している。資源高を価格に反映させることが死活問題になっていたが、不十分なまま。「価格はユーザーに了解を取って決めるべきものではない」という橋本の持論からは程遠い状況だった。

「安値は企業価値を下げる自殺行為」

原料の価格転嫁だけではない。本来であれば商品の付加価値を認めてもらって高く売らなければならないのに、大手顧客にむげにされてきた。

日本製鉄はこれまで、「超ハイテン」など高付加価値品の開発や安定量産に多大な経営リソースを投じてきた。板厚が薄くても別格の硬さを持つ超ハイテンは、自動車の衝突安全性の向上に寄与しつつ、軽量化にもつながる。一般に鋼板を薄く硬くするとプレス加工で割れたりしわができたりしやすくなるが、日本製鉄の超ハイテンは複雑な形状でも加工しやすい。研究開発部門や製鉄所のエンジニアが長い時間と労力をかけて生み出してきた、独自の付加価値だ。

そうした付加価値を購買価格に反映してくれない自動車メーカーと、それを受け入れてしまう弱腰の営業組織。橋本は、その力関係を何としても変えたかった。「安値は企業価値を下げる自殺行為。大口顧客との価格交渉はトップが直接関与すべき問題だ」と宣言し、営業改革に本腰を入れていく。

「なぜ、我々にとって値上げが必要なのか。顧客と対峙して説明し納得させられなければ、営業とは言えない」

東京・丸の内の日本製鉄本社14階で、こんな檄《げき》が飛んだ。橋本の社長就任後、社長室近くの一室に、薄板や厚板など12人の全営業部長がそれぞれ2カ月に一度呼ばれるようになっていた。橋本の脇を固めるのは営業担当副社長の中村真一、薄板事業部長で常務執行役員の広瀬孝など。価格交渉のための戦略ミーティングだ。

石炭、鉄鉱石など原料高の転嫁はどこまで進んでいるのか、大口顧客が値上げを受け入れられない理由は何なのか――。このミーティングで橋本らは顧客や製品ごとに、決算期別の1トン当たり売上高や損益、数量や損益の絶対額などがずらりと並んだマトリックスのシートを参考に、特に赤字の顧客について価格交渉の進捗を確認。黒字に転換できるかどうかを聞き取っていった。

そもそも日本製鉄では、販売量の拡大を優先して顧客と交渉する傾向が強かった。一般に製鉄所にとっては、生産量が増えれば稼働率が上がるため、生産量当たりのコスト削減が見込める。ただ、得られるコスト削減効果を超えるような値引きに走ってしまえば、作れば作るほど、売れば売るほど赤字になってしまう。日本製鉄はまさにそんな状況にあった。

販売量が増えても黒字にならないことを、営業は「製鉄所のコストが高い」、生産側は「価格が安い」と言い訳をしてきた。一枚岩で目線を合わせて黒字転換させようという機運に乏しかったのだ。もちろん、顧客への値上げの訴えや、製鉄所でのコスト削減の努力をしていなかったわけではない。それでもなかなか売値が上がらない厳しい現実に直面していた。

価格交渉は「孫子の兵法」で正面突破

橋本は連日のように営業部長たちを叱咤《しった》激励した。「黒字化に向けて値上げをせざるを得ない理由を分かってもらうまで、死力を尽くしてほしい」。営業の面々は歯を食いしばって顧客と向かい合った。「価格以外にうちの製品の価値はないのか。いや、必ずあるはずだ」。自問自答を繰り返しながら交渉に臨む者もいた。

「前門の虎、後門の狼」ならぬ、「前門の顧客、後門の橋本」とでも言えるような状況だ。営業部隊に逃げ場はなかった。

悪戦苦闘する毎日で営業部長の苦悩も深まっていく。それを察してか、橋本はミーティング後の夜、営業部長らをよく飲みに誘った。「この場は無礼講。愚痴でも不満でも言いたいことは言ってくれ」。聞き役に徹した橋本は、管理職たちの苦しみを酌み取った。そして、心中察しながらも「苦しいが、今やらないと日本製鉄は潰れてしまうんだ」と値上げの必要性を説いた。

値上げ交渉が完全に暗礁に乗り上げた顧客にはどう対応したのか。通常なら価格優先でシェアを追いたくなる。だが、橋本は違った。「値上げで取引数量を減らされてシェアを奪われるなら、それはそれで構わない」。営業の面々をこう諭したのだ。そして、最後にこう付け加えた。「俺が責任を取る」と。

さらに、「営業が努力しても黒字化の見込みが立たない場合は撤退する」という選択肢も議論するようになった。橋本はシェアには目もくれなかった。販売動向が気にかからないといえば嘘になる。それでも橋本は、「営業にシェアは一切聞かない」と自らを戒めた。シェア至上主義から解き放たれた営業部門の面々は、顧客と堂々と渡り合うようになった。

「それでは供給できないと伝えてほしい」

それでもなお値上げをかたくなに拒む顧客もいる中、橋本はさらに大胆な策を講じる。営業担当副社長の中村や薄板事業部長の広瀬に「(顧客の)購買担当者に『値上げを受け入れてもらえないなら供給はできない』と伝えてほしい」と指示したのだ。聖域を設ける気はなかった。自動車大手各社も対象とした。

2021年5月、業界団体である日本鉄鋼連盟の会長会見。ここで橋本はくさびを打ち込んだ。「個社としての話」と前置きしたうえで「(ひも付きは)国際的にも理不尽に安く、是正しないと安定供給に責任を持てなくなる」と発したのだ。

その後の8月初旬、トヨタや日産自動車など自動車メーカー各社に日本製鉄から通知が届く。中村や広瀬は、日本製鉄としての真意を各社の購買担当者に伝えた。

橋本は中国の古典の一つである「孫子の兵法」を好む。その中に「迂直之計(迂《う》を以《もっ》て直となし 患を以て利となす)」という一節がある。「回り道のように思える遠い道を真っすぐの近道に変化させ、弱点やマイナスの状況を発想の転換によってプラスの力とする」といった意味だ。橋本が打ち出した「値上げなくして供給なし」の通達は、この兵法に通じるところがある。

橋本にはしたたかな計算があった。部品が一つでも欠けたら、自動車メーカーは車を製造できない。これまで価格交渉は購買担当止まりだったが、車を製造できないとなると価格交渉の話題が相手の社長の元に必ず上がるとにらんだのだ。

値上げ受け入れを自動車メーカー側の社長マターにし、社長同士、同じ土俵の上に立つ狙いだった。価格の適正化が鉄鋼メーカーにとってどれだけ大事かを分かってもらうための、賭けだった。

不快感をあらわにする顧客も

自動車メーカーの中には、日本製鉄の通達を「脅し」と受け取り、不快感をあらわにするところもあった。それでも日本製鉄は引かず、自動車メーカーから値上げを勝ち取っていった。

日本製鉄には「自動車メーカーに尽くしてきた」という思いがあった。名古屋製鉄所には特定のメーカー向けに亜鉛メッキ加工の専用設備を設けたり、鋼板の片面だけでなく両面を検査する品質管理体制を専用に構築したりした。研究開発の中核拠点と見まがうような本格的な衝突試験装置や耐久試験設備などもそろえた。そうした貢献も考慮してもらいながら価

■アジアの価格が落ち込むのとは逆に日本製鉄の価格は上昇

●東アジアの熱延コイル価格と日本製鉄の鋼材価格

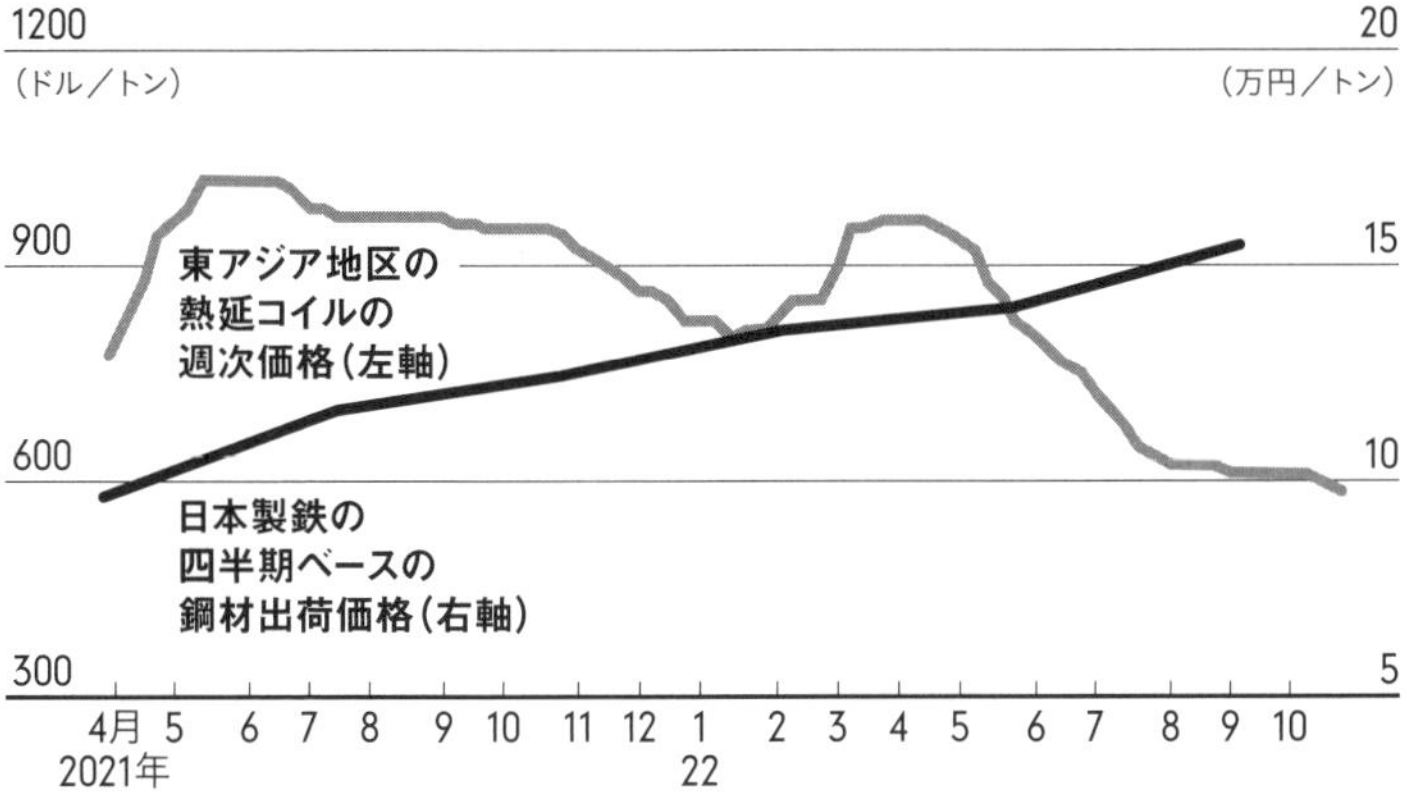

出所：日本製鉄資料、日経バリューサーチ

格を交渉したいというのは長年の悲願だった。

顧客に値上げを受け入れてもらった成果は、データに表れている。21年度上期の日本製鉄の平均鋼材販売価格は1トン当たり10万7000円。下期には12万9000円に上昇した。22年度はさらに跳ね上がり、14万9000円と前年度の平均価格に比べ27%も高くなった。

この間、市況は逆の値動きだった。熱間圧延した薄板を巻き取った「熱延コイル」の東アジア価格は、21年6月から下落傾向が続き、22年12月には1トン当たり550ドル前後となった。直近のピークである22

年4月初旬から約4割強下がった計算だ。

大口顧客向けの「ひも付き」価格も大幅に上がった。ある自動車大手が部品会社に供給する22年度下期の価格について、日本製鉄は上期より2～3割引き上げた1トン当たり4万円で合意した。現在の値決め方式になった10年度以降で最大の上げ幅になった。


20年以上続く商慣習にもメスを入れた。価格交渉のタイミングだ。

これまで日本製鉄と自動車大手は価格を「後決め」していた。例えば4～9月期の場合、価格交渉はおおむね8月に決着する。ほとんどの期間、価格が決まっていないまま出荷するという珍しい業界慣行だった。納める側の企業としては、収益管理ができないまま事業を続けなければならない。

日本製鉄は21年に自動車大手と交渉し、「先決め」への変更を勝ち取った。例えば4～9月期の価格については、2～3月に鉄鉱石や石炭の市況見通しを予測し、それに基づいてコストを算定して価格を決める。その後、原料価格が見通しを上回る水準になれば、次の10月～翌年3月期の価格交渉でそのコスト増加分についても交渉できるようにした。

「値決めの主導権を握る」――。橋本は、日本製鉄の歴代トップが成し得なかった改革を

日本製鉄の電磁鋼板。日本製鉄は自社の特許を侵害して電磁鋼板を製造したとみられる宝山鋼鉄だけでなく、トヨタも訴訟対象に加えた

やり遂げた。

最大顧客相手の訴訟も辞さず

顧客に価値を認めてもらうための橋本の戦いはこれにとどまらなかった。電動車のモーターに使う「電磁鋼板」の特許を侵害したとして、21年、日本製鉄が中国鉄鋼大手の宝山鋼鉄とトヨタを東京地裁に提訴したのだ。

日本製鉄が10年に出願し、30年5月まで有効な「特許第5447167号」。トヨタの電動車に使われた宝山鋼鉄製の電磁鋼板を入手して分析したところ、成分や板厚、結晶粒径、磁気特性といった項目についての数値が、その特許技術を用いて製造したものとほぼ重なったという。

日本製鉄は宝山とトヨタにそれぞれ約200億円の損害賠償を要求。さらに宝山の電磁鋼板を採用しているトヨタの電動車の製造・販売を差し止める仮処分を申請した。

最大顧客であるトヨタを訴える――。日本製鉄がそんな強硬手段に出るのは極めて異例のことだ。

もっとも、日本製鉄にとっての本丸は宝山。提訴しないまま手をこまぬいていれば、日本製鉄が納められるはずの顧客を奪われ、市場で一定のシェアを確保されるリスクがある。費用や時間を投じて得られた研究開発成果への「ただ乗り」は看過できない。そして、「トヨタが日本で製造する電動車にも宝山製の電磁鋼板を採用している」という情報が集まってくる中、トヨタを訴訟相手から外すわけにはいかなかった。

対トヨタの訴訟は23年11月、日本製鉄が「損害賠償請求を放棄する」というかたちで幕切れとなった。宝山との法廷闘争は続けるが、自動車と鉄鋼のトップメーカー同士、自動車の脱炭素という喫緊の課題に対応するうえで「コップの中の争いをしている場合ではない」という判断が働いたようだ。

それでも、今回の提訴が自動車メーカー各社に対する「抑止力」となるであろうことは間違いない。競争力に直結する知的財産権を侵害する行為には毅然とした態度を貫く――。技術をコアとする鉄鋼メーカーとして、そのスタンスを明確に示した。

鉄鋼はあらゆる産業の基礎になる素材であり、「供給責任第一」を宿命づけられてきた。日本製鉄は顧客のため、ひいては日本の製造業のために「価格は二の次」として耐え忍んだこともある。

だが、その顧客至上主義の精神が、民間企業としての日本製鉄の競争力を蝕む原因の一つだったのではないか。強気の価格交渉や最大顧客とも対峙した法廷闘争は、そうした顧客至上主義から脱却する一歩でもあった。

製鉄所を6エリアに集約V字回復を達成

橋本は社内の組織のあり方も変えた。要諦は「全体最適」と「大くくり化」だ。

それまで日本製鉄の経営は部分最適に陥り、各製鉄所の遠心力が働き過ぎていた。製鉄所の技術出身で経営企画担当副社長の今井正は「余剰能力があるから、生産品目が重複していても連携せずに非効率なつくり方をしていた。自分の利益を守ることしか考えていなかった」と振り返る。

そこで全国に16拠点あった製鉄所を東日本、関西、瀬戸内、九州など6エリアに集約し、各エリアの長が傘下の製鉄所を一括管理する体制にした。その6エリアについては、本社が全体最適を考慮しながらコントロールする。

複数の製鉄所を束ねた効果はてきめんだった。例えば集約前の旧八幡製鉄所と旧大分製鉄所。八幡では一部の鋼材を上下《かみしも》一貫工程で生産し、顧客に納めていた。その傍ら、大分では半製品のコイルを加工メーカー経由で顧客に納めていた。八幡と大分を九州製鉄所として統合した後は、八幡の一部鋼材の上工程を大分に移管して集約。その分、八幡の上工程の設備を他の品目の製造に使えるようにした。一つの製鉄所としての最適生産が実現できた。

製鉄所の管理単位だけでなく、組織も大くくりにした。製鉄所は部単位で3割強削り込み、本社も室単位で3割減らした。組織の統率について橋本は、「金魚は大きな鉢でないと大きく育たない」と持論を語る。「1人が2つ、3つの組織を見れば（どう業務をまとめて効率化するか、どうシナジーを出そうかという）マネジメントが発生する」。社員が全体最適の視点を持ちやすい組織にすることで、経営への参画意識を呼び覚まそうとしたわけだ。

国内製鉄所のスリム化と、供給最優先ではなく価値を認めてもらう営業改革。その両輪で進めてきた橋本改革の変化はすぐに表れた。

まずは年間の固定費の削減だ。21年3月期に2300億円の削減を達成し、26年3月期までにさらに1500億円下げられる見通しを示している。そのうち900億円は、23年3月期までに既に削り込んだ。その結果、23年3月期の損益分岐点は20年3月期から4割も下がっている。

また、値上げ交渉で製品単価が上がったほか、高級鋼の比率を高めたことにより、限界利益（売上高から変動費を差し引いた利益）が上昇。23年3月期の限界利益は20年3月期に比べて4割も増えている。

建材や厚板の分野は、腐食しにくいメッキ鋼板など一部に高付加価値品もあるが、多くは汎用品で価格競争に陥りやすい。そうした汎用品を製造する設備を休廃止し、営業も取り扱いを順次減らしている。逆に利益率の高い高級鋼へのシフトで、ハイテンを筆頭に電磁鋼板、タイヤなどに使うスチールコード母材などの販売割合が増加した。

損益分岐点が下がり、限界利益が増えれば、おのずと収益性は高まる。売上収益（売上高に相当）事業利益率（ROS）は、橋本が社長に就任する前の19年3月期は5・5％だったが、22年3月期は13・8％に上昇。過去最高を記録した。23年3月期も11・5％と2桁台を堅持している。

純有利子負債が自己資本の何倍に当たるかを示す「DEレシオ」は23年3月期で0・51倍。10年前の1・06倍からかなり下がっており、財務の健全性は担保されている。

見逃せないのは、19年までは年間約1億トンあった国内粗鋼生産量が8700万トン近く

■粗鋼生産量は5年前から減ったものの 4期連続赤字からV字回復

●日本製鉄の国内製鉄事業の営業損益と粗鋼生産量の推移

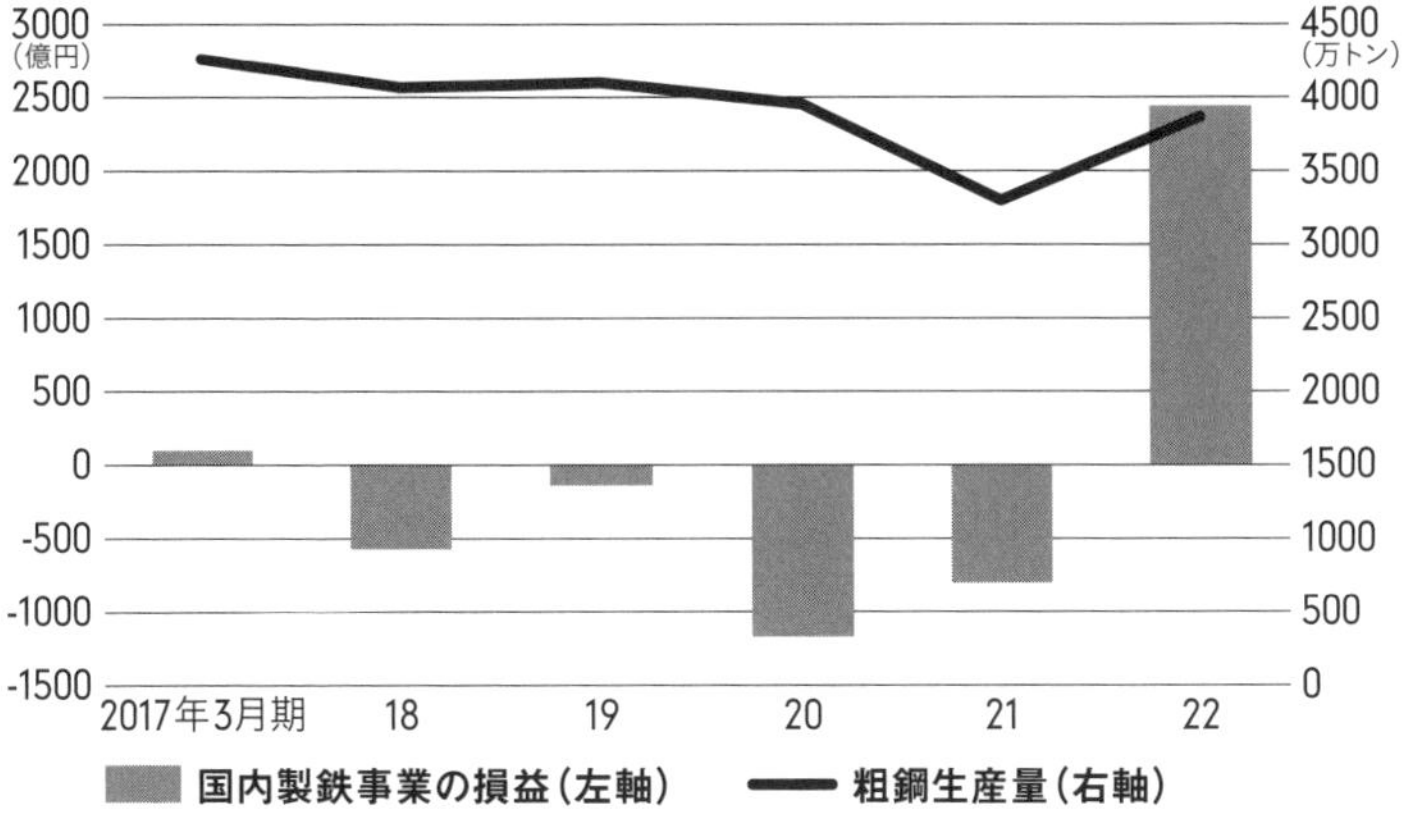

注：国内製鉄事業の営業損益は在庫評価差などを除く

まで減ったにもかかわらず、製鉄事業で過去最高益をたたき出していることだ。内需の縮小均衡が避けられない中、日本製鉄は7000万トン規模まで減っても黒字化できる強じんな体質をつくり上げた。

安定した財務基盤と市場環境に左右されない稼ぐ力。その両方を兼ね備えたのが今の日本製鉄と言える。

返す刀で怒濤の投資

「守りと攻めを同時に断行する」が持論の橋本は、V字回復が見えてくると、返す刀で怒濤《どとう》の投資にも打って出た。

目玉は22年5月に発表した名古屋製鉄所

■ 設備投資や買収資金の増加で負債が増えたが自己資本は分厚い

●日本製鉄の連結有利子負債とD/Eレシオ

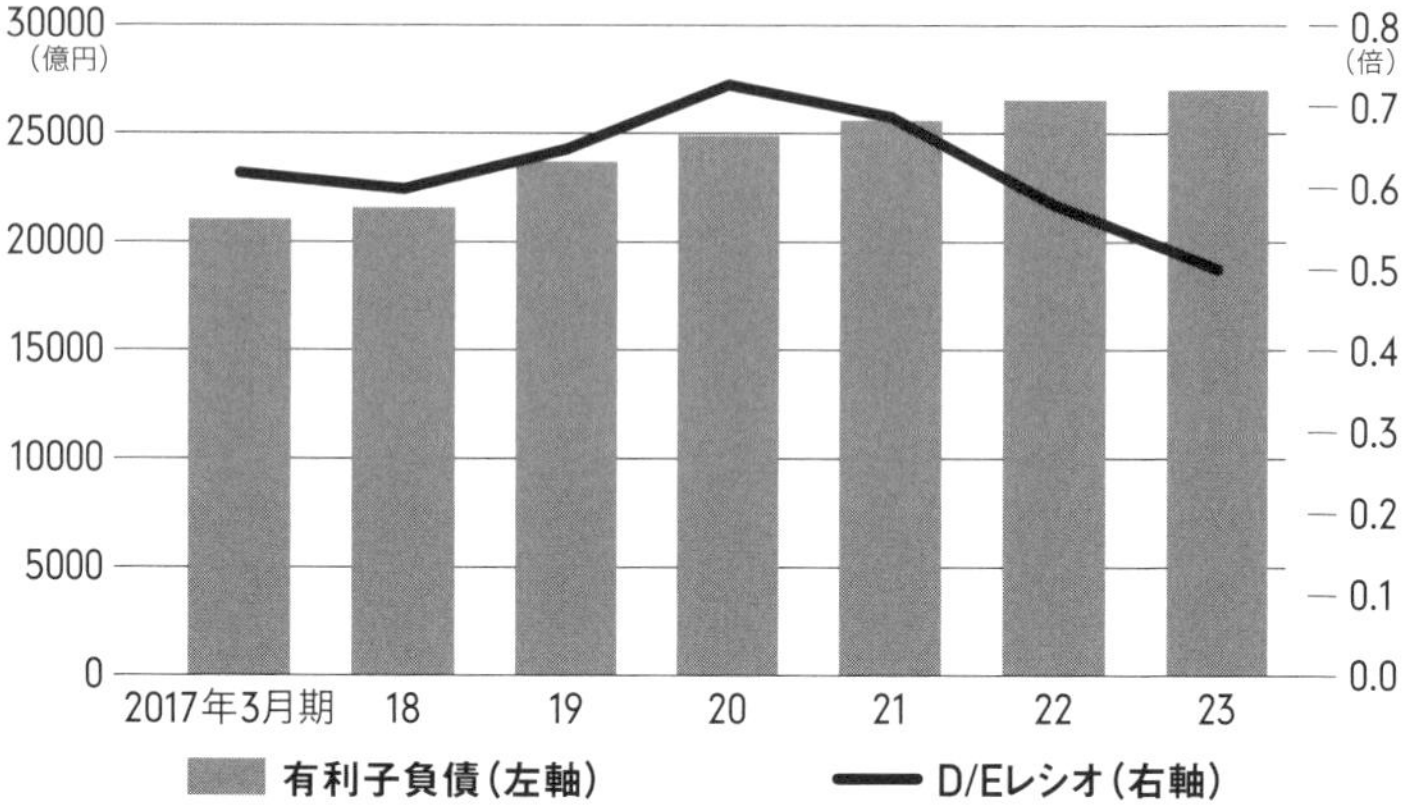

への熱間圧延（熱延）設備の新設。投資額は2700億円と、日本製鉄による単一設備への投資では過去最高だ。しかも、熱延ラインの新設は約40年ぶりとなるなど記録ずくめとなった。

さらに電磁鋼板を製造する瀬戸内製鉄所広畑地区（兵庫県姫路市）などには、21年11月から23年5月にかけて1100億円を投資すると発表。橋本の社長就任後から電磁鋼板だけで総額2100億円を投じることになり、生産能力を1・5倍にする計画だ。

投資の拡大で再び固定費はのしかかるが、高級鋼の販売比率を分厚くし、限界利益の上昇をとことんまで突き詰める。それが、日本製鉄の今の針路だ。

「グローバル粗鋼生産1億トン、連結事業利益1兆円」――。日本製鉄は新たに、20年代後半での達成を目指す数値目標を打ち出した。成長に向けて歩みを進める日本製鉄に対し、市場の期待値も高まっている。23年10月半ば時点の時価総額は約3兆5000億円。橋本就任前の19年3月下旬から約1・7倍となり、粗鋼生産量や売上高で世界第2位の欧州アルセロール・ミタルをドルベースで上回る水準だ。

しかし、橋本は「今は業績好調でも、喉元過ぎれば熱さを忘れてしまう」と気を引き締める。

計画通りの成長を達成するためには、新たな課題と向き合わなくてはならない。海外での事業を拡大させるためには世界を股にかけた供給網の再デザインが必要になる。価格競争に巻き込まれずに付加価値を提供し続けるための開発・生産体制の強化も欠かせない。そして、「カーボンニュートラル」実現への要請や、原料市場の構造的な変化への対処も求められる。決して平坦な道ではないが、日本製鉄は軽やかに走り出した。

第3章

異例のスピードで決断 インドで過去最大M&A

共同買収額約1兆円――。2019年に欧州アルセロール・ミタルと組んだインド鉄鋼大手エッサール・スチールの買収は、日本製鉄にとって過去最大のM&A（合併・買収）案件となった。規模が大きいだけでなく、進め方もスピードも異例ずくめ。軽やかになった「鉄の巨人」をを物語るM&Aの一部始終を追う。

転がり込んだ千載一遇のチャンス

「インドで、イコールパートナーの精神にのっとり、ともに繁栄を築きましょう」

2018年1月、新日鉄住金（当時。以下は日本製鉄と表記）の社長である進藤孝生は、東京・丸の内の本社14階から、ルクセンブルクにいる人物に画面越しに語り掛けた。「私たちは相性がいい。買収は必ず成功するはずだ」

画面の向こうにいたのは、鉄鋼世界第2位の欧州アルセロール・ミタルのラクシュミ・ミタル最高経営責任者（CEO）。世界にその名をとどろかす「鉄鋼王」だ。ミタル氏が創業したアルセロール・ミタルは、買収に次ぐ買収で数々の鉄鋼メーカーを傘下に収め、19年まで世界首位の座を守ってきた。

この日、両首脳はインドの鉄鋼大手、エッサール・スチールを共同で買収することで基本合意した。見積もった共同買収額は7000億円を上回る規模。約70年の歴史を持つ日本製鉄にとって過去最大となる海外企業の買収だった。

息をのんでこの会談の様子を見守っていた男たちがいる。副社長でグローバル事業を率いていた橋本英二（19年から社長）と、グローバル事業推進本部上席主幹の久保田佳司だ。「まだ通過点。これからが大勝負だ」。この買収案件の実務トップだった久保田は、自らに言い聞かせた。

始まりはその4カ月ほど前に遡る。

「千載一遇のチャンスが訪れた」。日本製鉄のインド現地法人からの報告に、久保田は思わずうなった。17年8月、インドの倒産・破産法に基づく対象企業として公表された鉄鋼5社の1社として、エッサールの名前が並んでいた。

インドの倒産・破産法は企業などの破産・再建手続きを円滑に進める法律で、16年に制定された。それまで関連法規が乱立していたインドでは、裁判所の作業が膨大なものになってしまうため、再生手続きの遅延が慢性化していた。1社の処理にかかる平均期間は約4年に及び、企業の新陳代謝がなかなか進まなかった。

新法では、複雑に絡み合った数多くの法規を修正・統合した。裁判所とは別に実務を担う専門機関も新設した。中でも、企業にとって最も大きかったのは、再生手続き完了までの期間を180~270日と法的に区切りをつけたことだ。出口が見えない実務から解放され、再建への道筋も描きやすくなった。

「この倒産・破産法の下であれば、時間をかけずにインドにくさびを打ち込める」――。そう考えた久保田たちは、すぐさまエッサールの資産査定に乗り出した。

「倒産する会社を買ってどうするのか」

エッサールの粗鋼年産能力は900万トン。当時インド第4位の規模だった。規模以上に大きな魅力だったのは、原料から最終製品までの製造工程を一貫して手掛けられることだ。鉄鉱石とコークス(石炭を蒸し焼きにした燃料)で銑鉄を製造する高炉1基を持つ他、石炭ではなく低炭素エネルギーの天然ガスで鉄鉱石を還元（鉄鉱石に含まれる酸素を除去）する炉も6基擁している。

それまで日本製鉄のグローバル事業は、鉄鋼の半製品まで日本で加工して輸出し、現地で二次加工して最終製品に仕上げる形態だった。具体的には、高炉で銑鉄を作り、炭素や不純物を取り除いて鋼にする工程や、かまぼこ板状の鋼を薄く延ばしてコイルにする工程などを日本で受け持っていた。鉄鉱石を還元する炉など「上工程」を持つエッサールを手に入れれば、インド市場向けにコイルをわざわざ日本から運ぶ必要がなくなる。

久保田とグローバル事業推進本部で執行役員を務める野村泰介（現大阪製鉄社長）は、入札の意思表明である「ＥＯＩ（関心表明）」レターの準備を進めた。だが、日本製鉄の社内は一枚岩ではなかった。

インドからは情報がなかなか出てこない。出てきても真偽のほどが怪しい。押っ取り刀で手を出すと、大きなやけどを負うことになりかねない。

「インドは法制度や労務が複雑。ローカル企業を買っても手に負えない」「巨額債務を抱えており、リスクがあまりにも大きい」「倒産する会社を買ってどうするのか？」――。グローバル事業推進本部内のみならず、法務や財務の一部からも異論が出ていた。

「A4用紙1枚半でいい」

ここでグローバル事業担当副社長の橋本は思わぬ策に出る。

入札の意図を社内に説明する資料として、インドの現地法人はA4用紙で9枚のリポートを送ってきていた。日本製鉄の経営幹部に納得してもらおうと、念入りに書き込んだ内容だった。それを「こんなにボリュームはいらない。A4用紙1枚半でいい」と突き返したのだ。

「前のめりになりすぎると社内が身構える。そもそもインドの企業を買収する意義を伝え切るのは簡単じゃない。だから『我々はお勉強のために参加するんだ』くらいの軽い気持ちでやればいい」。橋本は久保田たちにこう説明した。

この時点で橋本は、エッサールを買収しようと本気で考えていた。だが、あまりに前のめりで臨めばブレーキをかけようとする声が強くなる。

あくまで「お勉強」だと社内に認識してもらうことで、通常であれば進まない物事を進めようというしたたかな考えがそこにあった。

久保田と野村は橋本からの承認の下、EOIレターを相手側に送った。エッサールが倒産・破産法の対象になったと聞いてからわずか2カ月後のことだ。

EOIレターの提出からおよそ2カ月がたった12月、日本製鉄内の議論は「単独での買収は難しい」との見方に傾いていた。そこで浮かび上がってきたのが、同じくエッサールを狙うアルセロール・ミタルと共闘するという手段だった。

ミタルは当時の売上高が690億ドル（7兆7000億円）と日本製鉄より3割多く、粗鋼生産量に至っては9300万トンと2倍ほどの規模を誇る巨人。規模もさることながら、ミタルは何といってもM&Aを繰り返して世界2位にのし上がった百戦錬磨の会社で、経営が悪化した鉄鋼メーカーを立て直す再建型M&Aを熟知していた。

一方の日本製鉄は、ミタルにとって技術や設備の操業ノウハウで先を行く存在だ。

インドの鉄鋼大手、エッサールの買収で実務を取り仕切った久保田佳司

共同戦線を張るには絶好の相手であり、同じ船に乗るのに時間はかからなかった。

ところが、事態は急転する。入札の締め切り日が、翌18年の2月12日に決まったのだ。久保田や野村はもっと先になると読んでいたが、想定よりもかなり早いタイミングだった。「時間がない」。入札まで2カ月ほどという厳しいスケジュールを前に、久保田は焦燥感に駆られた。

17年12月、丸の内の日本製鉄本社。ミタルとの共同買収を議論する会議は紛糾した。「そもそも日程的に間に合わない」「ミタルとの協議事項が多過ぎる」。居並ぶ関係者たちの表情は険しかった。「残念だが、この買収はやるべきではない」と途中で席を立つ者もいた。久保田は防戦一方だった。

「やってみないと分からないじゃないか」

「遅れてすまん、すまん」。重苦しい空気の中、一人の男が入ってきた。久保田の上司である、グローバル事業推進本部上席主幹の明石博之だ。

会議の出席者が口にする慎重論を聞いた明石は、静かに語りかけた。「諦めるのは簡単だ。

でも、やってみないと分からないじゃないか」。そして、こう続けた。「可能性がまだあるのなら、それをきちんと検証して経営層に上げるのが俺たちの役目なんじゃないのか」

明石の言葉に、関係者たちは少しずつ耳を傾けるようになる。その時、明石が「やってみないと分からない」ことの根拠として引き合いに出したのは、ミタルとの成功例だ。

ミタルと日本製鉄は、米国で自動車用鋼板の会社「AM/NSカルバート」を共同出資で切り盛りしていた（詳細は次章）。AM/NSカルバートは、元は欧州鉄鋼大手の有力工場。その買収手続きをミタルと共同で進め、買収後の統合実務を仕切ったのが明石だった。その過程は決して「順風満帆」とは言えないものだったが、買収から約10年がたって好業績をたたき出すようになり、ミタルとは〝ウィン・ウィン〟の関係にある。ミタルとの良縁を築いた立役者である明石の言葉を聞くうちに、社内の空気は変わっていった。

年末年始を挟み、東京・丸の内の本社14階にいるグローバル事業推進本部のメンバーは目が回る忙しさの日々が続いた。法務や財務など各部門との調整や、ミタルとの協議……。入札締め切りまで2カ月を切る中、やるべきことは山積していた。

そして、やっとの思いでこぎ着けたのが、冒頭の進藤とラクシュミ・ミタルによるトップ会談だった。共同歩調を確認できたことで、実務メンバーたちはホッと胸をなで下ろした。後に続くヤマ場を前にした、つかの間の安息だった。

最優先はスピード「ウルトラC」繰り出す

トップ会談で共同歩調を確認し合った後の1月18日、橋本はアルセロール・ミタルのグループ最高財務責任者（CFO）で、ラクシュミの長男であるアディティヤ・ミタルとオンラインの会談に臨んでいた。ここで橋本は「ウルトラC」を繰り出す。

会談が熱を帯びた頃、橋本はこう切り出した。「2月12日（の入札締め切り日）まで時間がない。あなたの会社と『MOU（基本合意書）』を交わそうと思っても、どうしても社内手続きに時間がかかってしまう。締め切りまでに取締役会で入札参加を決議できるかどうか、全く分からない」

苦しい事情を伝える橋本の言葉に、アディティヤはうなずく。橋本はこう続けた。「もし締め切りまでに間に合わなければ、ミタル単独で入札してほしい。ただ、その際に『日本製鉄が後でミタルに相乗りする可能性がある』という項目を盛り込んでほしい」

共同買収とはいえ、M&Aの一般的な手続きでは考えられない組み方だ。しかも「ノンバインディング（拘束力なし）で」と橋本は主張した。ミタルがこれを受け入れる義務はない。橋本が繰り出した奇策にアディティヤは戸惑った。「考えてみよう」。その日は合意に至らず打ち切りとなった。

実はこの時点で橋本は、社内への根回しを一切していなかった。独断だったのだ。日本製鉄には、物事を慎重に進め、あらゆる局面で社内調和を重んじるカルチャーがある。だが、この千載一遇のチャンスを射止めるのに必要だったのは、何よりもスピード。会社のカルチャーに合わせて社内調整に時間をかける余裕はないと橋本は考えていた。

それから10日後、橋本はドイツ・フランクフルトに飛んだ。アディティヤと直接会って提案を受け入れてもらうためだ。1月28日朝、フランクフルトに到着した橋本はすぐさま空港そばのホテルに急ぎ、アディティヤと向かい合った。2人は見知った間柄だが、再会を喜び合うのもそこそこに、さっそく本題に入った。

今回の買収でスピードが鍵を握ることは、橋本とアディティヤの間では暗黙の了解だった。橋本の提案はウルトラCと言えるような奇策であり、最初に提案したその場でアディティヤを説得するまでには至らなかった。それでも橋本は、ミタルにとっても日本製鉄との共同買収が理想的な形であり、受け入れてもらえると踏んでいた。

アディティヤは橋本の説明にじっと耳を傾けた。いくつかの質疑応答の後、アディティヤは橋本が提案した特別なスキームを承諾する。資金だけでなく人材、技術など日本製鉄が持つリソースは、ミタルにとってやはり魅力的だったのだろう。両社はその日のうちに、買収に関するMOUの骨子に合意する。

橋本のフランクフルト滞在時間はわずか5時間。その日の午後には羽田行きのフライトに乗り込んだ。フランクフルトでの会談内容を聞いた東京の久保田は、すぐさま資料の仕上げにかかる。橋本が帰国する頃には、秘策を盛り込んだ計画書が準備されていた。

入札締め切りまで1週間を切った2月6日、買収案は投融資委員会に諮られ、翌7日に経営会議で討議された。橋本はその場で経営陣からの承諾を取り付けた。

「思い切った内容」で合意書交わす

そして迎えた入札締め切りの12日、ミタルは合意通り「入札後に日本製鉄が共同買収に加わる可能性がある」とする条件を盛り込んだドキュメントを相手側に提出した。交渉は大詰めに入っていく。

フランクフルトではMOUの骨子に合意しただけで、MOUそのものはまだ締結していない。詰めの作業に向けグローバル事業推進本部や法務、財務の一角は不夜城と化した。これまでのプロセスも異例だが、MOUの内容も異例だった。2社で合意するのは「イコールパートナーシップに基づく経営」のみ。詳細といっても、①出資比率はミタルが6割で日本製鉄が4割、②取締役会のメンバーは両社から同数、③重要決議事項は全会一致を求める、といった項目くらいだ。

営業や技術はどちらが中心に担当するのか、再建に必要な投資規模はどれくらいか、経営再建はどのように進めるのか——。こうした細かな計画はすべて後回し。とりあえず「対等の精神」だけをMOUに明記した。「MOUとはいえ事細かに計画を盛り込む日本製鉄の文化からすると、かなり思い切った内容だった」と久保田は振り返る。

そして、3月2日、日本製鉄の取締役会。進藤や会長の宗岡正二も並ぶ中、ミタルとのMOU締結が決議された。その日の午後、「エッサール買収へ」のニュースが世界を駆け巡る。同日、記者意見した進藤は「大幅な成長が期待されるインドの鉄鋼需要をグループの成長ドライバーとして取り込んでいく」と説明。アジアで強まる保護貿易や自国産化の動きを踏まえ「需要地域で鉄源（溶けた鉄を作る工程）から製品までの一貫生産拠点を設ける」と力を込めた。

歴史の転換点を迎えたとも言える発表だった。国内製鉄所から半製品を輸出して現地で加工する、従来の海外事業から脱皮するという覚悟が進藤の言葉からにじみ出ていた。

久保田は「巨費を投じる共同買収計画を取りまとめるのに、通常なら半年から1年はかかる。日本製鉄の歴史でも前代未聞の速さだった」と振り返る。通常は、大型投資であれば取締役会の1週間前に経営会議を開き、その1週間前に投融資委員会に諮

日本製鉄は2018年3月、同社の買収額として史上最大となるミタルと共同での買収を発表した（写真：共同）

り、さらにその1週間前に関係役員会を執り行う。だが、エッサールの買収では進藤と橋本が主導してその慣例をぶち壊した。

孫氏の兵法を好む橋本。「彼を知り己を知れば百戦殆《あやう》からず」。この格言通り、ミタルという相手をよく観察し、社内の反対派がどう反応するかを読みながら橋本は動いた。日本製鉄が歴史的な買収に足を踏み出せたのは、この戦術眼があったからにほかならない。

ただし、買収提案にこぎ着けたとはいえ、この時点では「再建請負人」として2社で立候補したに過ぎない。むしろ、いばらの道はこの後に待っていた。

激しく抵抗する創業家 泥沼の訴訟合戦に

「ミタルには入札資格がない」——。ミタルがエッサール買収に入札し、日本製鉄とMOUを締結した後、エッサールの債権者委員会がこうした通告を突きつけてきた。

ミタルが過去に借り入れが返済できなかった企業に携わっていたことが「現地の法律に触

れる」と言うのだ。委員会はミタルによる入札が不適格であると訴訟を起こした。

エッサールグループを創業したルイア家も、ミタルによる買収提案に激しく抵抗した。巨額の債務を抱えていたとはいえ、彼らにとって不本意な売却だったからだ。ルイア家は「経営破綻は自らの責任ではなく、州政府の方針転換が原因」と主張し、再建計画を妨害するかのような訴訟をいくつも提起した。

なぜルイア家が「州政府のせい」と訴えたのかを少し解説しておこう。エッサールの中核設備は、天然ガスで鉄鉱石の酸素を取り除く（還元する）、「ミドレックス」と呼ぶ炉だ。高炉に比べ製鉄時の二酸化炭素（CO2）排出量を減らせるのが特徴で、その炉で作った「還元鉄」とスクラップを電炉で溶かして鋼を作る。

エッサールは、製鉄所がある州政府と、現地で産出される天然ガスの供給を受ける契約を結んでいた。ところが、州政府がこれをほごにした。エッサール向けの供給量を減らし、肥料メーカーなどに振り向けたのだ。エッサールは割高なLNG（液化天然ガス）を調達する羽目になり、コストが計画から3倍にも跳ね上がった。それで経営が一気に傾いたというのがルイア家の主張だった。

買収が認められるまでには、他の問題もあった。インドの倒産手続きでは、銀行などが保有する金融債権と取引事業者が持つ一般債権に分かれ、金融債権の弁済が優先される。こうしたルールに基づく債権者への弁済計画も頭痛の種だった。

債権者委員会では金融債権と一般債権の区分けがもめにもめ、後回しにされた一般債権者からは不満が噴出した。これも後に訴訟となる。

どれくらいの債権をどのような手順で弁済していくのか。現地のファイナンシャル・アドバイザー（ＦＡ）や弁護士と繰り返し議論しながら、計画を作り込んでいった。

買収に抵抗する創業家や一般債権者との法廷闘争は激化する。インドの法廷では書面以上に口述を重んじる慣習があり、たびたび弁論が長期化する。結審の期日が全く読めない消耗戦が続いた。「シニアカウンセル」と呼ばれるインドでも限られた弁護士を高額で契約するなど膠着状態を打開するためにありとあらゆる手段を尽くして弁論に臨んだ。

なお、ルイア家による妨害は、後にミタルと日本製鉄による買収手続きが完了した後も続いた。エッサールグループは原料や鉄鋼製品の輸送に使う製鉄所周辺の港湾施設・荷役設備を引き続き保有しており、それを「人質」にしたのだ。

ある日、日本製鉄とミタルに「港湾施設の利用料を来月から2倍にする」との通告が突然届く。両社は取り合わずに当初の契約価格で支払い続けていると「通告通りの価格ではない」と訴訟を起こされた。港湾から鉄鉱石などの原料を運ぶベルトコンベヤーが壊れても知らんぷり。日本製鉄とミタルはトラックでの代替輸送を強いられた。妨害工作は枚挙にいとまがなく、堪忍袋の緒が切れた日本製鉄とミタルが相手を訴え返すなど訴訟合戦に至った。

一連のルイア家との争いでは、最高裁までもつれた裁判も複数あった。判決は二転三転したが、最終的には、許容できる条件での和解を見事勝ち取った。

「日本製鉄の守護神」が活躍

混乱だらけの買収手続きや再建計画作りで八面六臂《ろっぴ》の活躍をしたのが、「上場企業でトップクラスの強さ」と目される法務部門だ。

日本製鉄の法務部門の社員は23年9月時点で45人。日本や米国の弁護士資格を持つ精鋭が9人在籍するほか、法律事務所から出向中の弁護士も5人擁する。韓国の鉄鋼大手ポスコを相手にポスコの「方向性電磁鋼板」の関連特許が無効かどうかを争う裁判で和解金を勝ち取ったり、持ち分法適用会社であるブラジル鉄鋼大手ウジミナスの経営を巡る合弁相手との3度の訴訟を和解に持ち込んだりと、その実績は折り紙付きだ。

日本経済新聞がまとめた22年の「企業法務税務・弁護士調査」によると、弁護士が選ぶ「法務力が高い」企業ランキングで国内2位（2年連続）だった。「訴訟に強い」「法務部門が経営へ影響力を持つ」との評価が多数あった。

その法務部門で「日本製鉄の守護神」とも言える人物が、常務執行役員で法務部長の原田剛だ。1990年に入社した原田は名古屋製鉄所に配属された後、93年に本社の総務部法規室（今の国際法務室）に異動。それ以降、一貫して法務畑を歩んできた。95～97年にかけては台湾と中国にも留学。世界をけん引する鉄鋼市場に成長し始め、当時の新日鉄も投資ラッシュに沸いていた中国で国際法務の素養も身につけた。

常務執行役員で法務部長の原田剛は日本製鉄の法務部門の顔ともいえる存在だ（写真：北山 宏一）

法務といえば社員の多くが原田の顔を思い浮かべるほど、周囲の信頼が厚い。その原田をもってしても、エッサールの買収に伴う実務には手を焼いた。エッサールの不十分な情報開示に翻弄され続けた。

しかも、当時はブラジルのウジミナス関連の訴訟や、スウェーデンの特殊鋼大手オバコの買収など、経営に関わる別の重大案件も抱えていた。24時間ずっと、世界のどこかで事態が動いている。激務に心身をすり減らす毎日だった。インド・ムンバイ、英国・ロンドン、ドイツ・フランクフルト、米国・ヒューストンと、わずか10日ほどで地球をぐるりと回る出張に赴いたこともあった。

不透明極まりない契約状況

知的財産部の東貴裕はエッサール再建で主要法務を担い、原田を支えた。2003年に弁護士となり、企業法務の名門、西村あさひ法律事務所に入った。ニューヨーク州の弁護士資格も持つ。東は2010年に日本製鉄に出向。鉄鋼メーカーを希望していたわけではなかったが、社内で現場と一体になって法律問題の壁を突破していく仕事にやりがいを覚えた。当時、総務部国際法規グループのリーダーだった原田の薫陶も受け、17年に西村・あさひから日本製鉄に転じた。

エッサールと株主である創業家との間で交わされている契約や資産管理の状況は不透明極まりなかった。エッサールの社員も、創業家の恩恵を受けて働いている者が多い。創業家に味方する彼らは、日本製鉄に積極的に情報を開示しようとはしなかった。原田と東はそれにもめげずに、丹念に情報を拾い集めながら再建計画を作っていった。

その過程では、製鉄所の土地の所有権があいまいなことも判明した。土地を収用したエッサール側にあるのか、元々持っていた地元住民にあるのかが判然としないのだ。詳しく調べてみると、一部の住民が製鉄所内の区画に居住権を持った状態のまま製鉄所を運営していることが分かった。

製鉄設備のすぐ横や、これから新設する高炉の脇に住民の居住権があれば、新体制で製鉄所を運営していく際の大きなリスクとなる。登記簿のほか、紛争記録など多くの書類を法的機関から取り寄せながら、地権者問題をクリアにしていった。

ついに買収承認 海外最大の「一貫製鉄所」に

19年11月18日、インドの最高裁は日本製鉄とミタルによる共同買収を前提とするエッサールの再建計画を承認する。その約1カ月後に買収手続きが完了し、合弁会社「AM／NSインディア」（AMNSI）が発足した。

出資比率はミタルが6割、日本製鉄が4割。取締役会では両社が同数の議決権を保有するイコールパートナーシップのガバナンス（企業統治）が明文化された。共同買収計画をミタルとの間で議論したときに交わしたMOUで定めた通りの条件だった。

22年には、製鉄所の操業を妨害される「人質」となっていた製鉄所周辺の港湾施設や電力会社などのインフラ資産も取得。総額約1兆円の買収劇は、紆余《うよ》曲折もありながらゴールテープを切った。

それは、戦後70年の歴史を持つ日本製鉄にとって、海外市場で最大の「一貫製鉄所」を手に入れた瞬間だった。

巨額の資金調達についてはミタル以上に日本製鉄が貢献した。日本の借り入れ条件は、折からの低金利もあってミタルの本拠地である欧州に比べ有利。日本製鉄は買収時に民間から短期で借り入れ、20年には長期への借り換えで国際協力銀行（ＪＢＩＣ）から30億ドル（１ドル１５０円換算で約４５００億円）の融資を取り付けた。

他方、インド人のミタル親子は人脈地脈を使ってインドの政財界の有力者たちと親密な関係を築いた。日印をまたいだ相互補完も、買収の成功要因だったのだろう。

「インドを飛び出して世界へ」

19年12月、買収完了のタイミングで橋本の後継としてグローバル担当副社長となった宮本勝弘（現山陽特殊製鋼社長）はインドに赴いた。ムンバイで買収成功を祝うパーティーに出席した後、主力製鉄所があるグジャラート州ハジラを訪れ、従業員を集めたタウンホールミーティングに臨んだ。

１００人ほどの従業員を前に、宮本と同席していたミタルのアディティヤはこう呼びかけた。「君たちの活躍の場はこのインドだけではない。ミタルは世界中に製鉄所を持っている。

やる気があって優秀な社員にはどんどんインドを飛び出して世界に行ってもらいたい」。その一言に、従業員から大きな歓声が上がった。

宮本もアディティヤの後に続き、「日本製鉄もグローバルに鉄づくりをしている。ぜひ、うちの製鉄所でも力を発揮して欲しい」と力を込めた。宮本は後に、「インド国内にとどまらず、世界に視線をと訴えたアディティヤの巧みな演説に焦った」と明かすが、「何事にも貪欲な彼らと組んでよかった」と痛感したという。

「法務や海外財務が現場と同じ気持ちで動いてくれた。彼らがいなければ買収は認可されなかった」。2年に及ぶ実務を取り仕切ってきた久保田は、関係者全員に感謝を示す。久保田は23年4月からAMNSIに出向。過去にインド駐在歴もあるインド通とあって、総務・人事の担当部長として人材開発や州政府との調整に力を尽くしている。

グローバル事業推進本部と二人三脚で走った法務の原田は「グローバル担当が抱える問題を自分事として捉え、当事者意識を持って戦った。入社以来、最も多忙を極めた日々だった」と回想する。法律事務所出身の東も「日本製鉄のグローバル事業の本質を肌身で感じることができ、大きな成長につながった」と充実感をにじませる。

入札を検討してから買収手続きが完了するまで約2年。慣例にとらわれずに突破口を開いた橋本を筆頭に、事業部と専門家が一体となったチーム運営で日本製鉄史上最大の買収劇は幕を下ろした。スピード感を持った意思決定と度重なる混乱を機敏に治める対応力は、それまでの日本製鉄の経営実務とは大きく違っていた。一皮むけた日本製鉄は「世界を舞台に一段上の成長を目指す」という決意に満ちている。

第4章

動き出すグローバル3・0
「鉄は国家なり」の請負人に

日本製鉄が進めるグローバル経営が新しいステージに入った。鋼《はがね》から完成品まで現地で一貫生産する体制を構築するため、インドや米国、タイで巨額投資に突き進む。自動車からインフラまで、鉄は産業の根幹をなす。日本製鉄は海外で「鉄づくりは国づくり」を体現し、その国の基幹産業の請負人になろうとしている。

もう日本では見られない？新しい高炉をインドに

インド北西部・グジャラート州の港湾都市スーラット。そこから西へ車を1時間ほど走らせると、河口沿いに巨大な製鉄プラントが姿を現す。欧州アルセロール・ミタルが60%、日本製鉄が40%を出資するAM／NSインディア（AMNSI）の中核拠点、ハジラ製鉄所だ。

第3章でその一部始終を追ったように、日本製鉄（当時の社名は新日鉄住金）とミタルは19年12月、AMNSIの前身で当時インドの製鉄4位だったエッサール・スチールを買収。共同買収額は港湾施設など周辺インフラ含め1兆円に達し、海外企業の買収案件では日本製鉄として過去最高額となった。

敷地面積が東京都中央区よりも広いハジラ製鉄所には、天を突くような高さのプラントがあちこちに見える。製鉄所全体の年間粗鋼生産能力は約900万トン。1カ所の製鉄所だけで、日本製鉄の東日本製鉄所の2大拠点である鹿島地区（茨城県鹿嶋市）と君津地区（千葉県君津市）を合わせた生産実績（約1000万トン）に迫る水準だ。

現場は活況そのものだ。粗鋼を製造する上工程の現場では、溶けた鉄が入った巨大な容器が天井のクレーンで次々に運ばれ、炉に流し込まれる。粗鋼から鋼板などの製品を製造する下工程の圧延ラインでは、薄く延ばされた鋼板が休む間もなく巻き取られていく。保管場所では、大量のコイルが出荷を待っていた。

圧延ラインから奥へ進むと、雑草が生えるだだっ広い敷地が広がる。今から2年後、この風景は一変する。高炉が新たに建設されるのだ。

「日本で高炉の火が次々と消えゆく中、我々の手でまた新たな高炉を立ち上げられるなんて……」。日本製鉄からハジラに送り込まれたAMNSIの技術担当役員、稲田知光は感慨深げな表情を浮かべる。

AM/NSインディアのハジラ製鉄所では高炉新設が動き始めた

ＡＭＮＳＩは、新たに2基の高炉の他、銑鉄から不純物を取り除いて鋼をつくる「転炉」や、溶けた鋼を板状に形作る鋳造設備など、上工程の大型プラント一式を設けることを決めた。投資額は約4100億ルピー（約7300億円）に上る。ハジラ製鉄所の生産能力は、25年後半には年1500万トンになり、現在の1・6倍に増える計算だ。

さらに、製鉄に関わる港湾や発電所など周辺のインフラ群をエッサールグループから24億ドル（1ドル150円換算で約3600億円）で取得した。日本製鉄にとって、この巨大製鉄所を中核拠点とするインド有数の鉄鋼メーカーに4割出資するインパクトは大きい。「日本製鉄のグローバル経営そのものが新たなフェーズに入った。これまでとはまったく異質なものになる」。AMNSI副社長の永吉敬洋はこう断言する。

国際分業モデルから転換

日本製鉄のグローバル化の歴史は1960年代前半に遡る。鋼材の輸出国から輸入国へと転じた米国に鉄鋼製品の輸出を拡大していったのが第一歩だ。それを皮切りに、売り込み先を中国やアジア各国に広げていった。80年代ごろまでのこの姿を「グローバル1・0」と呼ぼう。

次の「グローバル2・0」は、主に90年代〜2010年代にかけての取り組みだ。進めたのは下工程の現地化。日本の上工程で製造した半製品を輸出し、世界各地で最終製品にする供給網を構築していった。中国の宝武鋼鉄集団やタイのサイアムグループなどとの合弁で現地生産を拡大。海外の下工程の鋼材生産量は今では年間約1700万トンとなり、10年前に比べ8割増えている。

そして今、日本製鉄は「グローバル3・0」の段階へと移ろうとしている。上工程から下工程まで垂直統合で海外に根を下ろす形態だ。「メード・イン・ジャパン」のこだわりを捨て、日本を起点とした従来の国際分業モデルから転換する。その大きな第一歩がＡＭＮＳＩだ。

世界鉄鋼協会によると、22年の64カ国・地域の粗鋼生産量は、中国の減産が響いて前年同期比４・３％減の18億３１００万トン。世界に鉄鋼不況の嵐が吹き荒れた中で、インドは５・５％増の１億２４７０万トンと、主要国で唯一、力強い成長を見せた。

国連によれば、インドの人口は23年に中国を超え、世界首位の14億６０００万人に達する。そのインドの鉄鋼需要は、現在の最大消費国である中国を上回るほどの成長力を持つ。30年度の鋼材の内需は２億３０００万トンで、21年度の２倍超に膨らむ見通しだ。建設、交通、エネルギーなどのインフラから、自動車や家電まで長期的に旺盛な需要が期待できる。

成長市場であるにもかかわらず、インドには世界の鉄鋼生産の５割強を占める中国メーカーの製鉄所がない。中国とインドが外交面で対立しているため、中国メーカーはインドへの輸出が限られるだけでなく、インドでの現地生産も難しいのだ。

さらに、インドには豊富な資源がある。鉄鉱石に加え、天然ガスも各地で産出する。原料高騰と円安に頭を抱える日本製鉄にとって、インド国内で自前調達ができる環境は願ったりかなったり。石炭を除き、原料から最終製品までインド国内でコスト管理ができれば収益も安定する。これは日本ではできない。

高まる保護主義の壁

そして、鋼材を自国で生産する動きが世界で強まっていることも日本製鉄の決断を後押しした。ここ10年ほど、世界の鋼材生産の半分を占める中国から安値の鋼材があふれ出し、それが世界に流通してきた。各国は反ダンピング（不当廉価）措置など関税障壁を一段と高くして自国の製鉄産業を守ろうとしている。

日本製鉄社長の橋本英二の持論は「鉄鋼はもともと巨大なローカル産業」。米中対立など世界経済の不確実性が高まり、保護主義が台頭する中、日本から半製品を輸出して海外で完成品にするモデルから脱却する必要性を強く感じていた。

その中で鋼材の自国生産拡大を国家目標にしていたのがインドだった。製造業の振興策「メーク・イン・インディア」を掲げるインドのモディ政権は、「インドに出自を持つメーカーによって、産業の礎である鉄鋼を国産化する」という方針を打ち出し、海外からの輸入品に高い関税をかけて国内鉄鋼メーカーを保護してきた。世界では「鉄は国家なり」の時代が再来しつつある。

タタ製鉄やJSWスチールなど地場メーカーがひしめく上に、外資系の参入障壁が高くなっていたインド。日本製鉄はミタルとともに〝インサイダー〟へと変身し、保護主義の荒波を乗り越えようとしている。

産業が爆発的に拡大する今のインドの姿は、かつての日本の高度成長期と重なる。その局面にあって、日本の国づくりを鉄づくりで支えたDNAを持つ日本製鉄が、インドの基幹産業の請負人になろうとしているのだ。今の日本製鉄が描く「グローバル3・0」は、世界の成長国の国づくりを担うということなのかもしれない。

右手で握手し左手で殴り合う

インドという新天地に飛び出しても、鉄鋼メーカーが巨大な装置産業であることに変わりはない。固定費の負担は重く、高炉一貫生産となればなおさらだ。そのリスクを分け合うために日本製鉄はアルセロール・ミタルをパートナーに選んだ。

今でこそ手を取り合うが、日本製鉄とミタルの関係はやや複雑だ。実は20年ほど前から深い因縁がある。

「ミタルさん、やはり我々も買うつもりですか?」

2006年、新日本製鉄(当時。以下は日本製鉄と表記)社長の三村明夫は、参加していた会合で顔を合わせたインド人にこう語りかけた。ギョロっとした目に厚い唇が印象的なその男こそ、ミタル創業者で当時、最高経営責任者(CEO)のラクシュミ・ミタルだ。

「それはわが守護神ラクシュミーのみが知っていることでしょう」。ミタルは不敵な笑みを浮かべ、こう返した。

ラクシュミ・ミタルは、インドや世界の鉄鋼業界で立志伝中の人物だ。1976年、父の持つ鉄鋼会社のインドネシア事業から独立してミタルを設立。89年にトリニダード・トバゴの鉄鋼会社を買収したのを振り出しに、カナダやメキシコ、東欧などのつぶれかけた鉄鋼会社や製鉄所を次々と手中に収め、規模拡大にひた走ってきた。

ミタルの機先を制す

ミタルは2006年に欧州鉄鋼最大手のアルセロールに敵対的買収を仕掛け、269億ユーロ（1ユーロ160円換算で約4兆3000億円）を出資して筆頭株主となった。新生アルセロール・ミタルは、日本製鉄に対して粗鋼生産量で約2・5倍、時価総額で約2倍の規模まで拡大。粗鋼生産量で日本製鉄を一気に抜き去った鉄鋼王ミタルは、三村たち経営陣を震え上がらせた。

アルセロールの買収前、実はミタルは並行して日本製鉄の買収も検討していた。資産査定や資金調達といった動きを察知した三村は、ミタルの機先を制してオールジャパンでの防衛ラインを張る。02年に決定した旧住友金属工業および神戸製鋼所との相互株式持ち合いと業務提携だ。

その強固な買収防衛策があったからこそ、ミタルは買収の矛先を日本製鉄からアルセロールに変えたとされる。食うか食われるかの暗闘を20年以上も前に繰り広げてきた日本製鉄とミタルは、今もライバルとして世界の鉄鋼市場でつばぜり合いを演じる。

ミタルの総帥、ラクシュミ・ミタルは「鉄鋼王」の異名をとる（写真：共同）

その一方で、合弁会社を共同で運営する重要なパートナーでもある。日本製鉄とミタルは、右手で握手しながら左手で殴り合うような関係なのだ。

ミタルとの協調関係が始まったのも約20年前。日本製鉄が資本参加していた米インランド・スチールのインディアナ州の自動車鋼板工場をミタルが買収したのがきっかけだ。同工場は日本製鉄・ミタルの共同運営に切り替わった。

日本製鉄とミタルはドイツ鉄鋼大手が持っていたアラバマ州のカルバート工場も14年に共同で買収。合弁会社「AM／NSカルバート」を新設した。今では亜鉛メッキ加工など2社の技術を持ち寄って顧客ごとに最適な作り分けをしており、米国の鉄鋼大手とシェアを争う存在だ。

22年12月期のAM／NSカルバートのEBITDA（利払い・税引き・償却前利益）は、世界的な鉄鋼不況の中でも3億ドル（約450億円）と、前期比で2％増え過去最高を更新した。買収前のカルバート工場は大幅な赤字だったが、AM／NSカルバート発足後は黒字に転換。そこからEBITDAを約1・5倍に伸ばし、1トン当たり利益も高めている。

ラクシュミ・ミタルの名前にある「ラクシュミー」は、ヒンドゥー教で富の神。その神が宿ったかのような経営手腕のラクシュミの下、ミタルは日本製鉄と並び中国勢と渡り合える数少ない存在になっている。

ラクシュミには長男でミタルの最高財務責任者（CFO）、社長を歴任した長男アディティヤがいる。ミタル父子は三村以降、歴代の日本製鉄社長とじっこんの仲。橋本とも深い信頼関係を築いており、共通の敵である中国の鉄鋼メーカーや米中対立に伴う保護貿易にどう対抗するかなどについて意見を交わす間柄だ。

21年、ラクシュミはCEOの座をアディティヤに禅譲し、会長に退いた。アディティヤは米国で金融工学を学んだ後、投資銀行を経てミタルに入社。アルセロール買収ではCFOとして実務を担った。

日本製鉄がインドでミタルと手を組んだのは、米国での友好関係に加え、ミタルがグローバル事業で豊富な経験を持ち、再建型M&Aで目をみはる成果を上げてきたからだ。グローバル展開の「先輩」であるミタルの胸を借りるつもりでAMNSIでのマネジメントに臨む。

ミタル通が技術の先導役に

AMNSIへの出資比率はミタルが6割、日本製鉄が4割。しかし、同じ数の取締役を送り込んでいるほか、取締役会には全会一致の原則があり「実質的に経営はイコールパートナーシップ」（AMNSI副社長の永吉）となっている。送り込まれた社員はお互いの出身母体にとらわれることなく、AMNSIの社員としてベストを尽くしている。

例えば、設備の新設や更新を議論する定例会議。ミタル、日本製鉄、インドの技術責任者の間で交わす議論に遠慮は無用だ。

「（機械で鋼板のサイズを自在に変える）サイジングプレスはいらない」

「いや、柔軟な品種構成に対応できるのだから必要に決まっている」

上工程で出る副産物「スラグ」の処理方法一つをとっても各国で考え方が違うが、妥協せずに最も良い結論を探していく。

ＡＭＮＳＩの操業の中核となるのは、米国での合弁事業などでお互いを知り尽くした人材だ。21年にＡＭＮＳＩの最高技術責任者（ＣＴＯ）に就任した橋本淳は、米国での合弁事業に長らく携わった人物の一人。圧延など下工程の設備や操業のエキスパートで、したたかなミタルを相手に巧みに米国での生産を切り盛りしてきた。

ＡＭＮＳＩ赴任前は日本製鉄顧問となっており、「もうお役御免だと思っていた」（橋本淳）。ところが、技術面での〝ミタル通〟として日本製鉄社長の橋本英二の目に留まった。「（日本製鉄とミタルの）対等の精神を貫いて高炉一貫プロジェクトを進めてほしい」と託されたという。

橋本淳は、「日本とインドで大きな技術の差はなくなっている。オペレーションの腕も着実に上がっている」とＡＭＮＳＩの技術者たちの働きぶりに目を細める。「工場の安全管理などでは、トップがどんどん現場に出ることが大事。改善すれば業務の効率が上がるということを自ら現場で示している」と言う。

現場との距離を縮め、従業員の間に日本製鉄のファンを増やしていく――。米国でのミタルとの合弁事業で培った心がけを、インドにも持ち込んでいる。

ハジラ製鉄所では日欧印の3地域の人材が鉄作りに汗をかく

過熱する投資競争

買収から4年がたったAMNSIは、日本製鉄の海外事業の押しも押されもせぬけん引役となっている。AMNSIの21年12月期のEBITDAは19億9500万ドル（約3000億円）と過去最高を記録。市況悪化を受けて22年12月期は落ち込んだものの、EBITDAの減少幅はインド最大手のタタ製鉄や第2位のJSWなどの競合に比べて小さかった。

AMNSIの課題は「意思決定のスピードをいかに速くするか」（副社長の永吉）にある。タタ製鉄やJSWはオーナー企業で意思決定が速い。ミタルもCEOのアデイティヤに権限を集中させており、やはり経営判断が速い。AMNSIでは各社の知見を持ち寄る合議制の良さを生かしながらスピードを上げようと、CEOのディリップ・オーメンら経営陣がガバナンス（企業統治）改革に取り組んでいる。

能力拡張競争に耐えられる経営体力があるかも問われている。「投資拡大の手を緩める時は負ける時。拡張競争に後れを取ることは許されない」。AMNSIの稲田は日本を発つ前、日本製鉄社長の橋本から飛ばされた檄《げき》を今も覚えている。

インド首位を走るタタ製鉄の21年の粗鋼生産量はAMNSIの4倍を優に超えるほか、第2位JSWも2・5倍と、AMNSIは規模の面では大きく水をあけられている。各社の投資計画をまとめると、足元で1億1000万トン強の生産実績に対し、30年には生産能力が3億トンにまで達する見込み。世界に冠たる成長市場だけに、各社は投資に貪欲だ。

競合を意識した能力拡張は、インドで次の競争軸になる高級鋼にも及ぶ。AMNSIは、総額1400億円を投じて同社初の自動車用鋼板ラインを建設している。さびなど腐食を防ぐ「溶融亜鉛メッキ」を施したり、冷延加工をしたりする設備を置く。

インドの自動車シェア首位のマルチ・スズキをはじめ、多くの自動車メーカーから「早く供給してほしい」と矢の催促を受けており、CEOのオーメンもライン立ち上げに携わるメンバーに発破をかける。これまでインフラなどの建設鋼材中心だったAMNSIが、自動車用の高級鋼で一皮むけるかどうかの試金石となる。高炉などの生産設備の新設に乗り出すのは、この高級鋼の販売を大きく育てるための先行投資だ。

緻密なマーケティング戦略も鍵を握る。燃費規制が導入されたインドでは車両の軽量化につながるハイテン（高張力鋼）の鋼板の需要は出てきているが、引っ張り強度が1ギガパスカルを超える「超ハイテン」を求める声はまだ顕在化していない。

市場を見誤れば、大型投資が裏目に出てオーバースペックな設備を抱えることになりかねない。世界各地でマーケティング経験が豊富なミタルの知見も頼りにしながら、顧客の需要に合わせて最適な品種を供給できるようにしていく必要がある。

USスチール2兆円買収も世界各地で一貫生産

原料を投入してから最終製品までの工程を海外で一貫して手掛ける「グローバル3・0」。その旗は米国でもはためき始めた。軌道に乗りつつあるのが、インドに先行してアルセロール・ミタルと日本製鉄が共同運営を始めたAM／NSカルバートだ。

米国南東部のアラバマ州カルバートの製鉄所では、7億7500万ドル（約1160億円）を投じて「電炉」の新設工事を進めている。電炉とは、大きな電気エネルギーを供給して発生する高熱によって鉄スクラップなどを溶かし、鉄を取り出す設備。24年上期から稼働を始める計画で、日本製鉄としては初めて米国でも鉄鋼製品を一貫生産できるようになる。これまで鉄鋼製品の母材はミタルの別の製鉄所から持ち込んでいたが、カルバートでの垂直統合によってコスト競争力が高まる。

日本製鉄とミタルが米国での電炉新設を決めたのは、インドと同じく米国も自国産業保護に突き進んでいるからだ。米国はトランプ前政権時代から、輸入する鉄鋼製品に25％の関税を上乗せするなど保護主義を打ち出し、日本製鉄も打撃を被った。バイデン政権は一部の関税を免除するなど緩和の方向に向かったものの、完全な撤廃には遠い。

バイデン政権は23年に入り、政府のインフラ投資で米国製品の調達を義務化する「バイ・アメリカン」の規則を鉄鋼にも導入。米国は再び自国優先主義を強めている。

グローバル事業推進本部長で日本製鉄副社長の森高弘は「米国の自国産化の動きはこれからも続く」と見て、インドと同じく、米国に根を張るため更なる大型投資に乗り出すか考えを巡らせてきた。

米国の産業を支えてきた名門

そして23年12月、日本製鉄は世界を揺るがす発表をする。米鉄鋼大手のUSスチールを約141億ドル（約2兆円）で買収するというのだ。買収額はAM／NSインディアを上回り、日本製鉄史上最高となる。全株式を取得し、24年中に完全子会社にする。

USスチールは日本製鉄と同様に長い歴史を誇る名門企業。創業は1901年で、くしくも旧官営八幡製鉄所が操業を始めた年だ。米国の粗鋼生産量では第3位だが、かつては首位を走り、自動車など米国の産業を支えてきた。ただ、近年は業績の浮き沈みが激しく、2023年8月に株式の売却先を探すと表明していた。

現状の日本製鉄の粗鋼生産能力は約6600万トン。買収が実現すれば、そこにUSスチールの約2000万トンが加わることになる。「グローバルネットワークを完成させ、強い日本を取り戻す」。買収を発表した会見で、橋本は珍しく興奮気味に語った。

世間を驚かせたこの買収は金額の大きさに目が行きがちだが、日本製鉄の戦略は首尾一貫している。インドでエッサールを買収したのと同様に、海外に高炉や電炉を持って一貫生産するグローバル3・0の考え方と寸分の狂いもない。特に米国ではインフラ抑制法（IRA法）の下、脱炭素関連の工場の新増設が盛んになっており、今後の鉄鋼需要拡大が見込まれる。

リスクがないわけではない。経営陣と強気で対峙することで知られる全米鉄鋼労働組合（USW）は早速反対を表明。ラストベルト（さびついた工業地帯）を代表する企業の買収とあって、政治を巻き込んだ反対運動につながる可能性がある。2兆円という買収額が高すぎるとの指摘もあるし、海外の名門企業を経営するのは簡単ではないだろう。

■日本製鉄は世界各地で一貫生産を推し進める

投資地域	スウェーデン	インド・グジャラート州	タイ・チョンブリ県など	米国アラバマ州
投資先	オバコ	AM/NSインディア（アルセロール・ミタルとの合弁会社）	G/GJスチール	AM/NSカルバート（アルセロール・ミタルとの合弁会社）
投資額	数百億円	1兆8000億円	550億円	800億円
内容	買収した特殊鋼メーカーの工場で車用軸受け材などを電炉から一貫生産	高炉2基に加え、熱延コイルのラインを新設し生産能力を1.5倍に。電力設備や港湾などインフラ群も取得	タイで唯一、電炉から熱延ラインまで持つ地場大手を買収。建設・インフラ用鋼材で攻勢	電炉を新設。2024年から環境負荷の少ない鋼材を鋼作りから一貫生産。高級鋼も

それでも、日本製鉄はグローバル３・０の旗を降ろさない。大きなリスクを負ってでも海外での成長に懸けるという強い覚悟を世界に示した。

「ミスターTPM」が規範に

「コーハイプロッパイ！」

日本製鉄傘下にあるタイ鉄鋼大手、Gスチールと GJスチールの製鉄所では、22年春から、従業員たちが胸に手を当ててこんなあいさつを交わしている。日本製鉄の製鉄所ではお決まりの「ご安全に！」と同じ意味のタイ語だ。

グローバル３・０に進む日本製鉄がタイに打ち込んだくさびが、22年3月に約550億円を投じて買収したG／GJスチールだ。19年にファンドが経営権を取得する前は経営不振に陥っていたが、体質改善を進め4期連続の営業赤字から脱却。そのタイミングで日本製鉄が買収した。

G／GJスチールは、鉄スクラップを溶かして製鋼する電炉から、圧延設備までをそろえるタイ唯一の一貫製鉄会社だ。タイ首位のサハビリアスチールも電炉は持っていない。「電炉を持っているかいないかで鋼材づくりの自由度は格段に違う。多種多様な需要にきめ細かく対応できる」。日本製鉄の東南アジア事業を統括する東南アジア日本製鉄社長の星健一はこう説明する。

タイはもともと日本製鉄の牙城だ。タイには日系自動車メーカーが集積しており、日本製鉄は日本から輸出された半製品を現地で加工してハイテンの鋼板などを供給してきた。タイでの自動車用鋼板のシェアはトップとみられる。

自動車用ではタイの「インサイダー」として思う存分立ち回っているが、実は「井の中の蛙」だった。というのもタイの鉄鋼需要の6割は土木建設向けで、自動車用は20％程度にすぎないからだ。建材を得意とするG／GJスチールの買収で適材適所ならぬ適〝鋼〟適所を実現し、同国最大の市場に切り込もうとしている。

22年2月、G／GJスチールのCEOにバントゥーン・ジュイチャラーンが就任した。自動車用鋼板を手掛ける日本製鉄の現地子会社NS－SUSの副社長を務めていた人物で、生産現場のたたき上げだ。異名は「ミスターTPM」。TPMとは、工場や設備でのロスをゼロにすることを目指す設備管理の考え方。人・機械・材料・方法のそれぞれの視点でコストとロスを分解して洗い出すことによって生産性を向上させていく。

バントゥーンは日本製鉄子会社の現場で、TPMを駆使して操業と設備運用の在り方を標準化。自主保全や品質管理など8つの行動と併せて全員が取り組む土壌を築き、利益を積み上げた。設備故障率は取り組みを始めた05年からの約10年で5分の1に低減。鋼板の歩留まりを6％改善させた。しかも11年間連続で休業災害なしという日本顔負けの成果を挙げた。

その評判は海を越えて日本にも届いた。当時の新日鉄社長の宗岡正二が国内の全製鉄所の副所長に「一度見習ってこい！」と視察を命じたほどだ。

「TPMの核心は全員参加」とバントゥーンは従業員に説く。製鉄現場は操業と設備管理で担当が分かれるが、問題が起きたときに担当者任せにせず全員で知恵を出し合えば解決のすべが見つかりやすいというわけだ。

タイのG/GJスチールではバントゥーン・ジュイチャラーンCEO（左端）が現場密着で生産性改善に精を出している

バントゥーンは自ら範を垂れる。掃除もその一つ。従業員らに交じってほうきで掃き、設備の手入れもする。従業員の一人は「前のCEOは掃除なんてしなかった。バントゥーンさんは毎週必ず現場に来る。改善の意欲が湧くよ」と笑顔を見せる。

G／GJスチールの生産能力は年300万トンあるが、22年の生産量は114万トンにとどまる。主力の土木建設用の鋼材は汎用品で、中国からの安値品の流入もあって価格競争に陥りやすい。22年6～12月期からEBITDAは赤字が続いている。グローバル3・0の産みの苦しみを味わうが、もうかる体質に変えられなければ買収額以上の価値は手にできない。ミスターTPMに課された役割は重い。

あえて傍流を選んだ男の執念

一貫製鉄所を海外に増やして利益を取り込む「グローバル3・0」を託されたリーダーが、21年4月に副社長になった森高弘だ。経営企画部長なども歴任したが、長くグローバル畑を歩み、ブラジルでは橋本からバトンを引き継いで〝火消し〟に当たった経験も持つ。

森は1983年に東大法学部を卒業して新日鉄に入社。新入社員として配属された八幡製鉄所では、ファクトに基づいて行動することや責任感を持って仕事に当たる大切さをたたき込まれた。八幡で森の師範役を務めた中野晴敏は、東大卒だろうが大学院修了だろうが関係なく厳しい指導をすることで知られ、「中野学校」との異名を取っていた。

「今の生産技術の組織にどういう欠陥があるか見極めて、どうすれば利益を最大化できる組織になるか、その形態を考えてみろ！」。森はある日、中野からいきなりこう命じられた。配属直後で、まだ右も左も分からなかった。周囲に話を聞きながら一昼夜かけて何とか構想を練った森は、書類にして提出した。

中野はそれをひとしきり眺めた後、森の目の前でびりびりと破った。「組織が従うべき原理・原則は何だ？　その軸がない」。こう指摘された森には悔しさがこみ上げた。見返したい。その一心で再び頭をひねった。再提出の度に突き返されたが、実際の組織変更の際には森のアイデアが採用された。

原理・原則を軸に物事を捉え、それに合致しないことはそぎ落とし、やるべきことを考え抜く――。森の今の仕事のスタイルは、中野学校での鍛錬が糧になっている。

30歳になったばかりの頃には米国ペンシルベニア大学のビジネススクール「ウォートン校」に留学。ファイナンスの名門とあって投資銀行とのつながりも強く、森はインターンとして約1カ月、ゴールドマン・サックスで働くことになる。そこで驚いたのは「もうかることを考える」という一点に専念できることだった。データ収集など雑務は全てアシスタントがやってくれる。日米の働き方の違いにがくぜんとした。

時間を惜しんで猛勉強し、ゴールドマン・サックスの社員と米国の油田開発のファイナンススキームを考え、テキサスの石油会社に提案した。すると石油会社からファイナンシャルアドバイザーに選ばれ、事業開発費約800億円の4%を手にすることができた。「考え抜く習慣をつけること」の大切さを学んだ。

韓国で見た驚きの光景

最大の転機は2002年。前年に君津製鉄所の総務室長になっていた森は、韓国の鉄鋼大手ポスコを視察する機会があった。当時の新日鉄は粗鋼生産量でポスコを上回っていたが、収益性では大きく水をあけられていた。ベンチマークとなったポスコを研究すべく、韓国南部にある最新鋭の光陽製鉄所を訪問した。

森は仰天した。高炉の数は新日鉄と同じで、高炉の容積は新日鉄より小ぶり。それでもフル稼働しているため1トン当たりの利益は新日鉄より大きかった。当時の新日鉄の稼働率は7割程度。製鉄所の必死のコスト削減で利益を出すのがやっとだった。「ポスコのようなフル操業になるためには、国外から注文を取ってこなければならない。特にこれから伸びるアジアの需要を獲得しなければ」と痛感した。

副社長の森高弘は橋本の「戦友」とも言える存在だ（写真：北山 宏一）

「輸出（を担当する部門）に出してください！」。森は人事担当役員に直談判した。当時、国内事業が主力の新日鉄にあって傍流への転籍を希望する森に、周囲は「なんでわざわざ」と声を潜めた。
「輸出は面白い。しっかりやってくれ」。海外営業部に異動した森にこう声をかけてきたのが、後に社長になる橋本だった。海外営業部の次長だった橋本の背中を追いかけながら、森は成長するアジア市場で鉄を売る面白さにのめり込んでいく。

そこにあったのは、国内営業とは異質な景色だった。大口顧客との定例の価格交渉などほとんどない。各地域の需要と、アジアの主要製鉄所の出荷量、そして世界の政治経済の動向などマクロ要因によって価格決定のメカニズムが働く。それを精緻に分析し、どこで何が売れるか、自分たちの製鉄所がそこに出荷できるか、競合はいるのかいないのかを調べ上げる。そうしたファクトベースで価格を決め、輸出する。

当時の新日鉄の粗鋼生産量は世界首位。アジア市場では事実上の価格決定者でもあった。売値が合理的かどうかは、価格がガラス張りになる市場で答えが出る。売り先の購買担当者の好きな食べ物は何か、ゴルフは得意なのかといった情実が入り込む余地はない。

自らの責任で価格を決め、相手を納得させる。それがすべてだ。マーケットが堅調であっても、先の需給を見通して価格を下げたっていい。それは時に正解で、時に間違いとなる。もし間違っても、何が足りなかったかを検証して次に生かせばいい。そうした実戦を通じてビジネス能力を培う風土が海外営業にはあった。

「人が自然と育ち、一人ひとりの戦闘能力が高い集団だった」と森は言う。そして、アジア市場を切り開く先導役だったのは、まぎれもなく橋本だった。

グローバル畑を歩んだ森にとって最大の修羅場は16年、副社長として赴いたブラジルの製鉄会社ウジミナスだ。

ウジミナスは日本製鉄とアルゼンチンの鉄鋼大手テルニウムとの合弁会社。高炉から鋼板まで一貫生産できる製鉄所を持つ、ブラジル有数の企業だ。だが、日本製鉄とテルニウムはウジミナスの経営権や再建計画を巡って泥仕合を演じていた。前任者の橋本が再建のための増資まではこぎ着けたものの、株主間での主導権争いは続いていた。混乱を収束する道半ばで橋本が日本に呼び戻され、森と交代した。

待っていた執拗な嫌がらせ

ウジミナスの経営企画担当副社長に就いた森を待っていたのは、テルニウムによる執拗な嫌がらせだった。盗聴は当たり前。会議では英語の資料のはずが、ポルトガル語で書かれたものばかり。「これでは分からない。英語でやろう」と言っても「それなら会議はできない」と返ってきた。

増資こそしたものの、ウジミナスの経営の立ち直りは遅かった。森がブラジルに赴いた16年の年末には現金が底をつきかける。購買部門には「資材の支払いを延ばしてもらえ!」。営業には「早く売掛金を回収しろ!」。こう発破をかけて急場をしのいだ。

それでもテルニウムは森を追い落とそうとした。決まり文句は「利益相反で訴える」。森は日本製鉄への利益誘導のために動いていて、ウジミナスの利益に資する経営をしていないという主張だった。

例えば高炉で鉄を作る際に出る副産物の「スラグ」。その使い道がないため日本製鉄が引き取ることを提案すると「利益相反」と言われた。テルニウムは発言の議事録を引っ張り出して訴訟をちらつかせてきた。

テルニウムにとって森は目の上のたんこぶ。提訴するのは森に仕事をさせないようにするためと見られた。

森は覚悟を決めた。利益相反という言いがかりをつけられないように、日本製鉄をいったん退社したのだ。役員持ち株会から外れて日本製鉄株も買えなくなり、企業年金も一時停止になった。残った役職はウジミナスの定款役員のみだった。

その後も約1年で2度目となるウジミナスの社長退任が決まるなど混乱は収まらず、双方が訴訟を提起し合う泥仕合になっていく。出口が見えない中、森が忘れなかったのは八幡製鉄所の「中野学校」で学んだ組織論だった。ウジミナスという合弁会社の原理・原則は何か。そう思索を巡らせ、相手の立場に立ったガバナンスのルールについても熟慮を重ねた。

「ウジミナスの従業員にも双方の株主にとっても、この会社を良くしたいんだ」。森の偽らざる熱意に、いつしかテルニウム側も歩み寄っていく。そして18年、両社は和解に達する。CEOや議長を4年ごとに交互指名し、副社長クラスの幹部は両社が3人ずつ指名することを明文化。それに法的拘束力を持たせることなどで合意した。両社がこれまで裁判所に起こした訴訟もすべて取り下げることになった。

昨日の敵は今日の友

この間、森の生活は過酷だった。日本とブラジルは昼夜が逆。昼間へとへとになった後に帰宅すると日本からのメールが山のように積み上がっている。開封して返事を書き切らないうちに会議が始まる。ブラジル時間の午前2時ごろになってようやく就寝するのが当たり前だった。もちろん翌朝も早くから出社する必要がある。

満身創痍《そうい》になる修羅場だったが、森は「一度も日本に帰りたいとは思わなかった」と何食わぬ顔で言う。「日本と米国の関係と一緒。太平洋戦争を経て、日米は戦後最大のパートナーとなった。今はテニガル（メキシコでのテルニウムとの合弁鋼板事業）など当社とテルニウムの関係は抜群にいい」

ウジミナスの経営混乱を収めて20年に帰国した森はその後、不採算に陥っていたフランス鋼管大手バローレックとのブラジル合弁事業の解消にも汗をかいた。約15年に及ぶ関係を絶つ作業もまた難航したが、森はやってのけた。

橋本は構造改革の途上、20年近い「戦友」の森を副社長に抜てきし、グローバル事業を任せた。国内製鉄事業を改革して利益を出せる体質にした後、成長の原動力は海外になってくる。森は日本製鉄の国内と海外の粗鋼生産量が30年にも逆転する可能性をにらんで、インド、米国、タイを中心に投資を拡大していった。

森は、財務トップでもあり投融資委員会の委員長も務める。「『海外事業には積極投資すべきだ』というアクセルと、『財務規律を守れ』というブレーキの両方を踏む立場にあるから難しい」。こう話す森は「それこそ一歩間違えば利益相反」と笑う。この難しい〝一人二役〟を任せることでトップマネジメントを習得させるという橋本の意図が透けて見える。

海外と日本の生産量が逆転する日

日本製鉄のグローバル事業は破竹の勢いだ。海外の連結事業利益（輸出や一部の海外グループ会社などは除く）は、22年3月期に1350億円となり、過去最高を記録した。世界的な鉄鋼不況のあおりで23年3月期は950億円に減ったが、24年3月期は1200億円と回復を見込む。

日本製鉄の世界での粗鋼生産能力は23年3月期時点で年6600万トン。社長の橋本はこれを中長期的に1億トンまで引き上げる青写真を描く。

けん引役となるのはインドのAMNSIだ。生産能力を30年までに25年比2倍の3000

万トンに引き上げる計画を掲げる。インド北西部に位置するハジラ製鉄所での高炉新設を決めているが、インド東部に一貫製鉄所をつくる構想も温めている。

23年12月に決断したUSスチールの買収が実現すれば、さらに約2000万トンが加わる。これまで日本製鉄はずっと、生産量の過半を国内が占めてきた。一連の海外展開により、初めて海外が過半を占めるようになる。グローバル3・0が名実ともに経営の根幹となっていく。

世界鉄鋼協会の統計によれば、日本製鉄グループの22年の粗鋼生産量は世界4位だった。世界最大の生産国である中国の宝鋼と武漢鋼鉄が合併した宝武鋼鉄は20年にアルセロール・ミタルを抜き去り中国勢として初めて首位に浮上。22年は生産量こそ落としているものの、2位ミタルに2倍弱、日本製鉄には3倍もの差をつけ首位を守っている。

では、収益性はどうか。QUICK・ファクトセットによると、日本製鉄の23年3月期の粗鋼1トン当たりのEBITDAは約177ドルだった。宝武との比較では5年前に300ドルほどあった差が、50ドルほどまでに縮まっている。

ミタルは同じ粗鋼1トン当たりのEBITDAが21年12月期に201ドルであり、日本製

■ 中国勢がひしめく中で4位をキープ

●世界の粗鋼生産量ランキング(2022年)

順位	メーカー	粗鋼生産量(単位:100万トン)
1	宝武鋼鉄集団(中)	132
2	アルセロール・ミタル(欧)	69
3	鞍鋼集団(中)	56
4	**日本製鉄(日)**	44
5	江蘇沙鋼集団(中)	42
6	河北鋼鉄集団(中)	41
7	ポスコ(韓)	39
8	建龍集団(中)	37
9	首鋼集団(中)	34
10	タタスチール(印)	30

出所:World Steel

鉄は後塵《こうじん》を拝している。だが、その差はわずかで、射程圏内にある。

20年ごろから米中対立の先鋭化や地政学的リスクに伴うエネルギー危機などグローバルな地殻変動が、多くの企業を揺さぶった。それらのリスクは日本からの輸出など、世界を股にかけた交易で特に火を噴きやすい。逆にインドや米国などクローズドな地産地消型マーケットで一貫製鉄所を構えていれば、交易リスクは軽減できる。

どうすれば海外市場の果実を着実に得られるのか――。それを考え続けた日本製鉄は段階的にグローバル戦略を書き換えてきた。そして今、「NIPPON STEE

■収益性では上位メーカーの後じんを拝する

●世界大手の粗鋼生産量と1トン当たり利益の比較

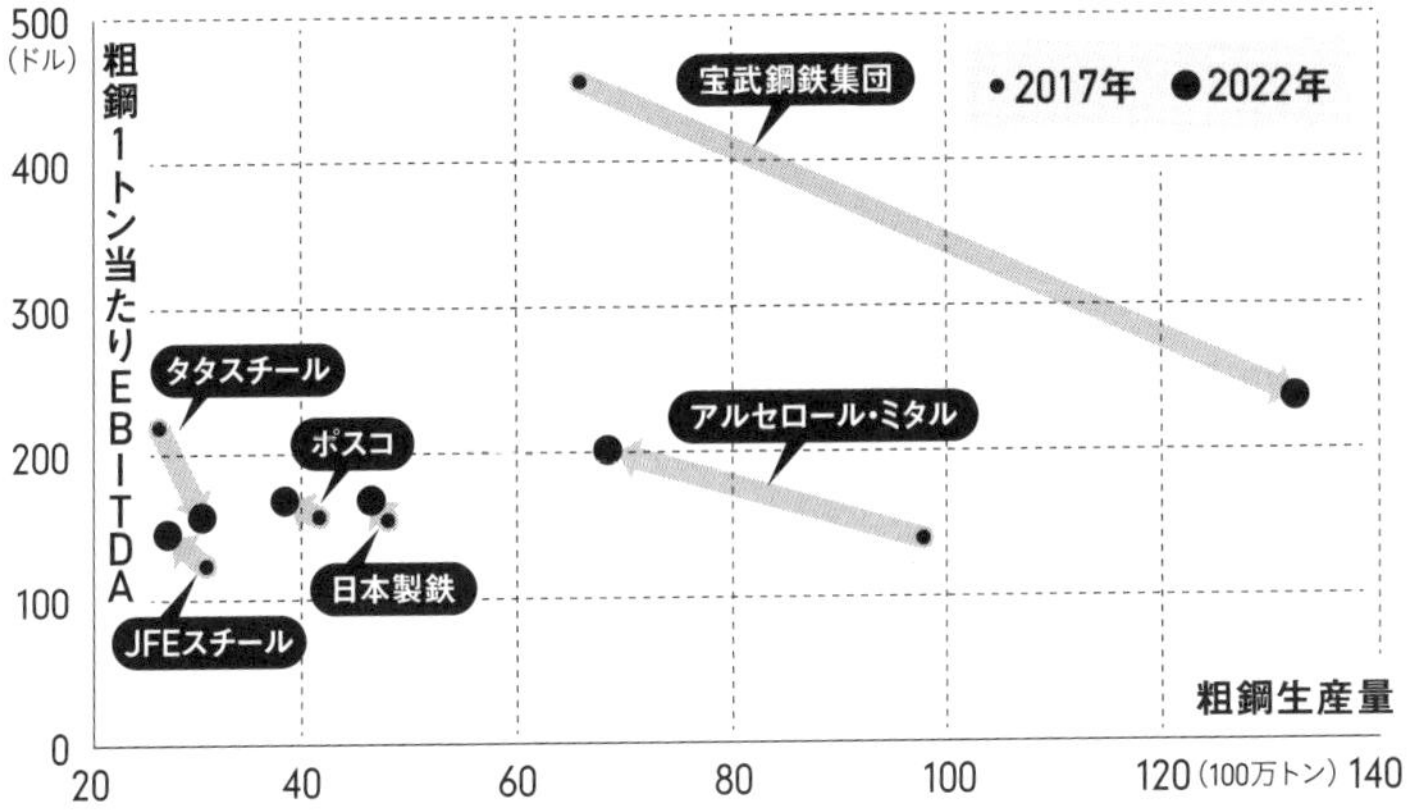

出所：QUICK・ファクトセット

L」は保護貿易の壁を超え、各国で〝ローカル企業〟のように「鉄は国家なり」を請け負っている。グローバル競争を勝ち抜くための覚悟は、生半可では済まされない。

column

インド発 踊る製鉄所見聞録

日本製鉄がグローバル事業の威信をかけて欧州アルセロール・ミタルと共同で経営するインドのAM／NSインディア（AMNSI）。中核拠点であるハジラ製鉄所は製鋼から圧延まであらゆる工程で活況を呈している。その様子は、さながら「踊る製鉄所」だ。そして、鉄づくりと生活が隣り合わせになっている風景は日本の製鉄所を彷彿とさせる。日本と似ているようで似ていない、ちょっと変わったインド製鉄所の見聞録をお届けしよう。

インド北西部・グジャラート州の港湾都市スーラットがハジラ製鉄所の玄関口だ。スーラットは別名「ダイヤモンドの都」。世界の約9割のダイヤはインドで研磨加工されているが、その最大の都市がスーラットなのだ。ただ、ロシアによるウクライナ侵攻後はダイヤの原石が入りにくくなり、仕事を失う職人が増えているという。

スーラットを朝方にたち一路西へ。我が物顔で道路を歩く牛たちをよけながら車を1時間ほど走らせると、海へとつながるハジラ川の河口沿いに巨大な製鉄プラントが姿を現す。お

■インド北西部の都市スーラットから車で1時間ほど走ったところにハジラ製鉄所がある

目当てのハジラ製鉄所だ。

東京都中央区より広い敷地には、粗鋼の年間生産能力で約900万トンに及ぶ設備が並ぶ。製鉄所の案内役はベラ・フェルナンデスさん。「ハジラの母」として従業員からも親しまれている。

まず案内してくれたのは、ハジラ製鉄所の象徴的な光景が見られるとっておきの場所。中核設備の「直接還元炉」というプラントが横一列に並ぶ姿は圧巻だ。直接還元炉とは、コークス（石炭を蒸し焼きにした燃料）ではなくて、天然ガスで鉄鉱石の酸素を取り除く設備。その溶けた鉄鉱石を鉄スクラップや添加剤と混ぜて調整しながら、所望の成分の鋼にする。

まさに花火が上がったかのような製鋼の現場

日本では鉄鉱石とコークスを反応させて溶けた鉄「銑鉄」を取り出す高炉が主力だ。筆者も度々製鉄所を訪れたが、直接還元炉は日本ではなかなかお目にかかれない。天然ガスが豊富なインドならではの設備で、ハジラ製鉄所には6基の炉が鎮座する。高炉も1基あり、バラエティーに富んだ鉄づくりができるのもハジラの特徴だ。

次に訪れたのが、溶けた鉄を鋼にする製鋼工場だ。「ここではすごい花火が上がるわよ」。ベラさんの笑みに期待が高まる。

溶けた鉄は巨大な鍋に入れられ、天井をはうように動くクレーンで運ばれてくる。その鍋が傾き、溶けた鉄が電気炉にどぼどぼと注がれる。まばゆいオレンジの火花がこれでもかというほど飛び散る。

こうした火花は日本の「転炉」現場でも見ることができるが、これほど間近で製鋼工程を目にしたことはない。距離は15メートルほどだろうか。ものすごい熱を感じながら、ちょっとした感激を覚えた。

製鋼設備を制御するオペレーションルームに入ると、白いひげをたくわえた男が描かれた不思議な絵が飾ってある。ベラさんにこれは何かと尋ねると、ヒンドゥー教の職人の神様

「ヴィシュワカルマ」だという。

ヒンドゥー教の神様では像の顔をしたガネーシャや破壊の神シヴァなどが有名だが、職人の神様までいるのはどこか日本らしい。狙った通りの強度やねばり強さを持つ鋼を作り出すのはまさに職人技。機械操作や温度管理などオペレーションを司る守り神は、製鉄所では欠かせないというわけだ。

日本の報道関係者がハジラ製鉄所を取材するのは初めてだったからか、ベラさんはサービス精神旺盛。「ここも見て！」「ここは見学しなくていいの？」と熱心に働きかけてくれる。そのサービスの極みだったのが、高所作業車を使った即席の展望台だ。

電線工事や建設現場などで使う高所作業車は、バケットに人が乗り込んでブームクレーンを伸ばしていく車両だ。製鉄所では通常、高いところにある設備の保守点検用に使われる。

ベラさんはその高所作業車を「高所から見れば製鉄所のスケールが分かるだろう」と、わざわざ用意してくれたのだ。安全ベルトを装着し、バケットに乗り込む。クレーンはどんどん高度を上げる。最高到達地点は地上からおよそ30メートル。眺望は「圧巻」の一言に尽きる。ハジラがいかに広大な製鉄所かが、よく分かった。

製鉄所内の小川で釣り？

次は溶けた鉄を型で成形した後、ロールで薄い板に延ばす熱間圧延と呼ばれる工程になる。その工場に向かう途中、驚いたのは製鉄所内の空き地でビニールシートを広げてピクニックをする家族たちに出くわしたことだ。

安全管理が徹底され、関係者以外は許可なく製鉄所内に入れない日本では考えられないけれど、車窓から見るとみんな楽しそうだ。その近くには、木の釣り竿を片手に持ち、製鉄所内を流れる小川に糸を垂らす男性もいた。

敷地は、構内の道路を境にして製鉄所と住宅街に分かれている。その道路を住民が自転車や徒歩で行き交う姿もあった。製鉄所にとって安全管理は最も重要なことの一つだが、こうしたおおらかさがあるのも悠久の時が流れるインドならではといったところか。

熱間圧延ラインでは、薄く延ばされた鉄板が次々とロール状に巻き取られ、コイルとなって保管場所で出荷を待つ。保管場所に所狭しと並べられたコイルの数の多さを見ると、いかに活況かが分かる。

圧延されたコイルが所狭しと置かれていた

圧延ラインもカイゼンが進み、1トン当たり利益は増えている

製鉄所の一角では、自動車鋼板用の下工程工場の建設が進む。むき出しの鉄骨の建屋が並び、クレーンや油圧ショベルがうなりを上げていた。腐食などを防ぐ「溶融亜鉛メッキ」を施したり、冷延加工したりする設備からなり、AMNSIにとって初の自動車用鋼板のラインだ。

ぺんぺん草が生える空き地を南へ進むと、ポツンと立つやぐらが見えてくる。やぐらに上がると目の前には広大な空き地と鉄鋼スラグの山が見える。

2025年ごろ、この風景は一変する。「ここに高炉と（製鋼用の）転炉、圧延ラインがドンとできる計画です」。ベラさんと一緒に案内してくれた稲田知光技術担当役員が遠方を指さしながら感慨深げに語った。

ちなみにこの取材からの帰国後、日本製鉄が投資計画を詳しく発表した。投資額は約4100億ルピー（約7300億円）。25年後半から生産能力を現在の1・6倍に当たる年1500万トンに引き上げる。

「ここに高炉が新設される……」。現場を前にして、胸が熱くなった。というのも、日本で高炉が建つことは今後ないと考えられるからだ。

日本では高炉新設など経験できないとあって、稲田さんのような技術者からすればきっと

製鉄所周辺には社宅街があり、従業員らのコミュニティーが形成されている

武者震いしているに違いない。そう思って聞いてみると「感慨深いことではあるのですが、本当に大変ですよ。今もプロジェクトの件でずっと会議続きです」と苦笑い。その隣では吉見学プロジェクト担当部長が「同じく」といった表情をしていた。何せ投資額が約7300億円にも上るのだから、相当な重圧もあるだろう。高揚感半分、不安半分といったところだろうか。

地域一体でものづくり

取材も終わりに近づいた頃、ベラさんが「製鉄所の周辺一帯は従業員のコミュニティーの場にもなっているのよ」と教えてく

ヒンドゥー教のセレモニーに集ったハジラ製鉄所の従業員ら

れた。ハジラ製鉄所の従業員数は約3800人。このうち3割が製鉄所を囲むようなタウンシップ（社宅街）で生活している。土地はAMNSIが所有しており、学校や公園、スポーツ施設のほか、商業施設からヒンドゥー教の寺院まで何でもござれだ。

製鉄所が地域経済と暮らしを支えるのは日本と同じ。日本製鉄が製鉄所を構える街では従業員とその家族らが参加する夏祭りやイベントが開かれるが、ハジラでも似たような行事が月4回も催され、町全体がにぎわう。

なかでも盛況なのがヒンドゥー教のお祭り。8月には、人間ピラミッドを作って高くつるされた壺を割るお祝い事で有名な

「ジャンマシュタミ祭」が催される。歌えや踊れの大騒ぎだというが、こうした地域の絆やコミュニティーづくりが従業員のエンゲージメントを高め、チームプレーによる鉄づくりの礎になっているのだろう。

「3年後にまた訪れたい」。スーラットへの帰路の車中、こう思った。新たに高炉を立ち上げて能力を増強したハジラ製鉄所を擁するAMNSIは、タタ製鉄などの競合大手とさらに激しい戦いを演じているに違いない。大競争を勝ち抜き名実ともに「鉄は国家なり」の一時代を築けているかどうか。その成否をこの目で見てみたい。

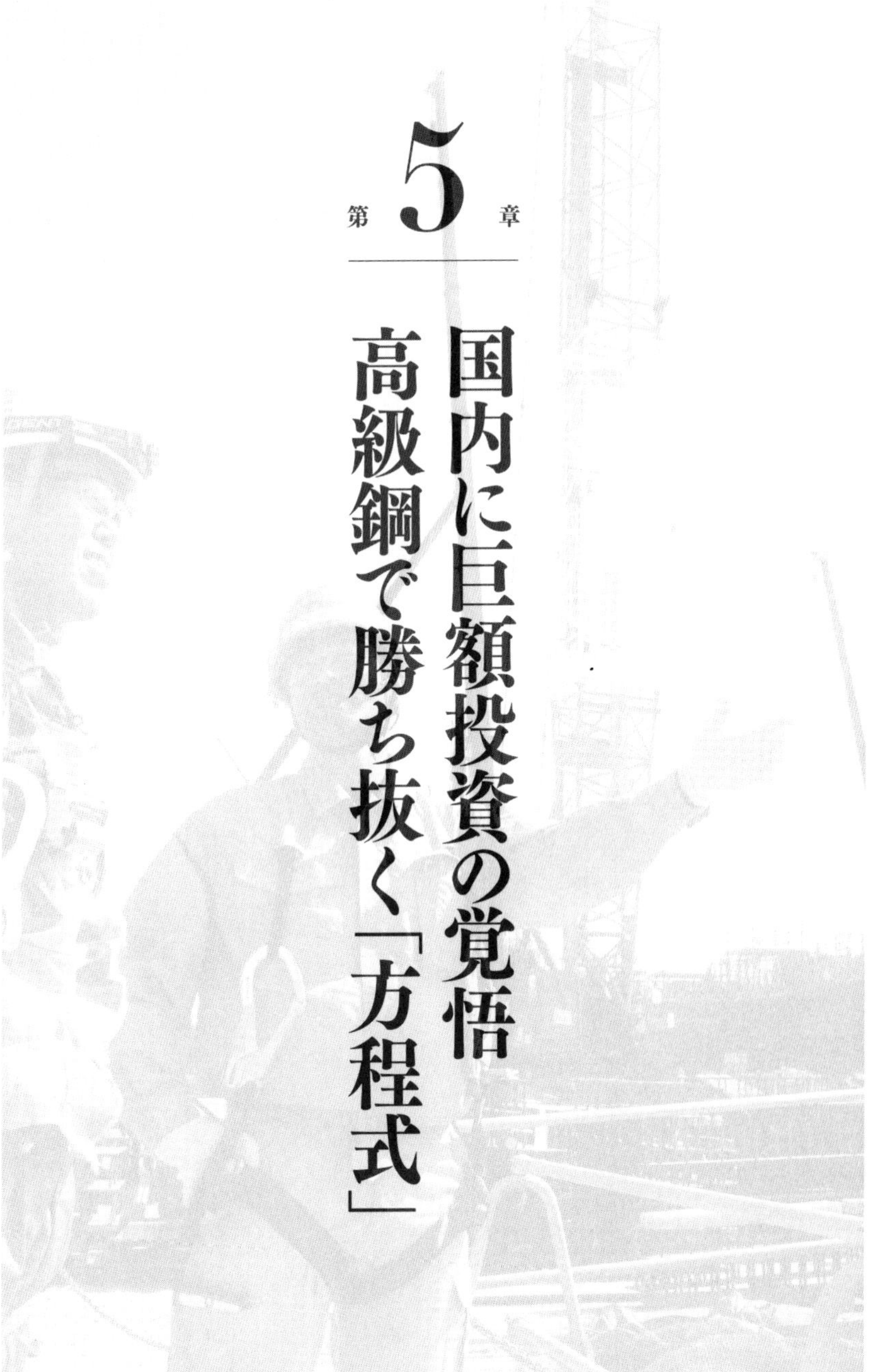

第5章

国内に巨額投資の覚悟 高級鋼で勝ち抜く「方程式」

（写真：堀 勝志古）

経営を立て直した日本製鉄は、これから何で生きていくのか。答えは高級鋼だ。代表格であるハイテン（高張力鋼）については、巨費を投じて40年ぶりとなる生産ラインの新設に踏み切った。ただし、高級鋼であっても顧客に認められる付加価値を生み出せなくなった瞬間に価格競争に巻き込まれてしまう。日本製鉄は新たな価値創造に挑み続ける道を行く。

40年ぶりのライン新設「質の転換」に巨額投資

「近年、類を見ない規模の工場建設だ」。清水建設・大林組・大成建設・奥村組のゼネコンＪＶ（共同企業体）の担当者は驚きを隠さない。各社が集まるのは、日本製鉄の自動車用鋼板の主力生産拠点、名古屋製鉄所（愛知県東海市）。正門から西に向かった先の広大な敷地で、油圧ショベルがうなりを上げ、杭《くい》を打つ音が響き渡る――。

この地で２０２２年から始まったのは、「超ハイテン」と呼ばれる鋼板を手掛ける熱間圧延工場の新設工事。１０００℃前後に熱した巨大なかまぼこ板状の鋼を薄く延ばしていき、直径最大2・6メートルのコイルとして巻き取るためのラインだ。

日本製鉄は新設する工場の延べ床面積やラインの全長を開示していないが、一般的に熱間圧延ラインは400〜700メートル程度と長大になる。敷地内では、約35台の工事用クレーンや270台の建設機械・ダンプトラックが動き回る。土木工事で使う鉄筋は1万トン以上に上り、地中に打ち込む鋼材（杭）の数は5000本規模と破格だ。

工場への投資額は総額2700億円。単一ラインへの投資としては日本製鉄史上最高額となる。しかも、新設は1984年に稼働を始めた広畑製鉄所（兵庫県姫路市、現在の瀬戸内製鉄所広畑地区）の圧延工場以来、実に約40年ぶり。

鉄鋼需要が落ち込む国内で熱間圧延ラインの新設工事を目にしようとは、現役の日本製鉄社員のほとんどは想像だにしていなかっただろう。

社長の橋本英二は製鉄設備を統廃合する「守り」の構造改革を遂行する中、「攻め」の機が熟すのを待っていた。国内粗鋼生産量は2019年度から節目となる1億トンを割り込み続けており、数量面での劇的な回復は期待できない。

第2章で見たように、橋本が打ち出した方針は鋼材の数量増加に頼らず、トン当たり利益が高い高単価の鋼材の比率を増やす「質的な転換」だ。生き残りをかけた投資を巡って金に糸目をつけるつもりはなかった。

ハイテンは日本製鉄にとって「高級鋼」の看板商品だ。ただ、ラインの新設計画が社内で取り沙汰された19～20年ごろは、まだ国内製鉄事業は火の車。社内からは「カネだけでなく人もノウハウも必要になる。赤字状態でそんな大それた投資ができるのか」と懐疑論も上がっていた。

それでも橋本は乾坤一擲《けんこんいってき》の勝負に出た。V字回復の道のりが見えるや否や、「今、布石を打たなければ日本製鉄に未来はない」と決断した。

軽量化と強度を両立

ここで「ハイテン（高張力鋼）」について解説しておこう。

語源は「ハイ・テンサイル・ストレングス・スチール」。〝引っ張りに対する強さ（張力）が高い鋼〟を表す英語を略してハイテンと呼ばれるようになった。引っ張り強さは、「どれだけの力で引っ張ったら破断するか」を表す数字だ。

どこからをハイテンと呼ぶかは国やメーカーによって異なるが、一般には引っ張り強さが500メガパスカル以上のものを指す。これは、1平方センチメートル当たり5100キログラム重の力で引っ張っても破断しないということ。例えば直径1センチメートルの円柱状の鋼片の場合、一般的な性能の鋼であれば2100キログラムほどのおもりに耐えられるが、ハイテンなら約4000キログラムを超えるまで破断しない。

ハイテンをこぞって欲しがるのが自動車メーカーだ。自動車の素材は7割が鉄といわれるが、その鉄のうちハイテンが4~6割を占める。同じ断面積であれば、一般の鋼に比べてハイテンの方が引っ張られたときに破断に強く、押し込んだときも屈曲しにくい。つまり、衝突などに耐えられる一定の強度を持たせようとした時に、ハイテンを使えば部品をより薄くしたり小さくしたりできる。部品の軽量化につながるわけだ。

自動車にとってボディーの骨格など部品の重さは最大の敵。なるべく車重を軽くしたい自動車メーカーは、鉄鋼メーカーが提案するハイテンの採用を年々増やしてきた。特に日本製鉄のハイテンはただ強度が高いだけでなく、金属の結晶組織を工夫することでプレス機などで鋼板を折り曲げる加工や、凹凸をつける加工がしやすい「軟らかさ」も評価されてきた。

中でも日本製鉄がこれからの競争軸に据えるのが、引っ張り強さが1ギガパスカル（1平方センチメートル当たり1万キログラム重）を上回る「超ハイテン」だ。

史上最高額を投じる新しい圧延ラインは、超ハイテンをこれまで以上に量産するための設備だ。それも引っ張り強度が1・5ギガ〜2ギガパスカルという、超ハイテンの最先端品にも対応した設計にしている。一般に鋼の引っ張り強度が高くなるほど、設備にかかる負荷も大きくなる。従来の圧延ラインでは2ギガ級などの最先端品を大量に製造しようとすると歩留まりが落ちる傾向があり、一部で収益性を損ねていた。

「超ハイテンを安定量産に持ち込むための勝負は、基礎工事から始まっている」。次世代熱延プロジェクト建設企画部の操業企画室長、立石康博は、無数の鉄筋が打ち込まれたコンクリート壁を指し示しながら説明する。

建屋に据え付ける圧延機の重さは数百トン。圧延時には4000トンもの最大圧力がかかる。しかも鋼板がラインを流れるスピードは最大で時速100キロメートルにもなる。

過酷な環境で、鋼板の厚さを高い精度で均一に圧延しなければならない。最高級の超ハイテンを安定的に量産するためには、巨大な力が加わってもびくともしない「足腰」が欠かせないのだ。

制御の難度が上がる「超ハイテン」

土木工事と並行して、圧延ラインの設計や操業システムの作り込みも佳境を迎えている。厚さ25センチメートルほどの鋼板を上下のロールで挟んで最終的に2ミリメートルほどまで薄く延ばすロールにかかる力は、硬い超ハイテンではかなり大きくなる。立石によれば、通常のハイテン用に比べて負荷が2～3割増しになるという。

超ハイテンの製造でもロールが変形したり、ロールの回転軸を支えている部分が破損したりしないように、設備や動力システムを慎重に設計しなければならない。鋼板の厚みや幅、長さなどを狙い通りに整える制御システムも手探りで設計中だ。

温度制御も難しい。硬さと粘り強さ、部品に成形しやすい軟らかさを併せ持つ結晶組織にするためには、緻密な温度管理が欠かせない。水をかけて冷やす「焼き入れ」でも、急冷すれば硬くなり、ゆっくり冷やせば粘り強さが出て軟らかくなる。圧延中、ラインのどの段階でどのように冷やしていくか。最適な方法を編み出さなければ思い通りの金属組織にはならない。

「超ハイテンは、温度や圧力制御のちょっとしたずれやばらつきに敏感に反応してしまう。これまでだったら『仕方がないね』と許されていた制御の誤差では許されない」。立石は自らに言い聞かせるように語る。

「クルマの運転では、スピードが上がるほど、わずかにハンドルを切ったり突風にあおられたりした時のクルマの反応が大きくなる。一般道を運転していたのが今までのハイテンだとすると、超ハイテンは高速道路で運転しているような感覚。細心の注意を払わなくてはならない」と操業システムの計画を預かる責任者として気を引き締める。


立石は、圧延ラインそのものにベテランと同様の操業技能や観察眼、トラブル時の対応力などを埋め込むことを目指している。日本製鉄の全国の製鉄所の圧延ラインには膨大なデータが蓄積されている。そのデータを学習したAI（人工知能）が最適な条件で設備を動かし、人の制御では見逃しかねない微妙なずれやばらつきを検知しながら自動で調節する。それによって、最高級の超ハイテンを安定して量産する。そんなシステムを構築しようとしている。

「デジタルスーパー刀鍛冶」――。立石は新しい熱間圧延ラインのコンセプトをこう表現

熱間圧延ラインの経験が豊富な立石康博(左)が生産ライン新設プロジェクトのリーダーに指名された(写真:堀 勝志古)

する。硬くてしなやかな日本刀をつくり上げる刀鍛冶は、熱せられた鋼の温度変化を目と肌で確かめ、鋼のたたき方を自在に変えていく。そんな刀鍛冶の頭脳や技能をデジタルの力で巨大なラインに取り入れるという発想だ。

「在任中にこんな大仕事が巡ってくるとは思わなかった。技術者冥利に尽きる」。君津製鉄所を振り出しに大分や名古屋を渡り歩いてきた立石は、与えられえた役職に武者震いする。自動車用鋼板など薄板の熱間圧延ラインに長く従事し、腕を振るってきた経験を存分に生かせる挑戦に意気込む毎日だ。

ただし、40年ぶりの熱間圧延ライン新設には、不安も伴う。40年ぶりということは、現役の日本製鉄社員に新設経験者はいないということだ。1997年入社の立石も、昔話としてベテランから聞く程度だった。鉄鋼需要が全盛期にまで戻らない中、「新設は夢のまた夢。自分には無縁」と思っていた。

その経験不足をどう補うか。立石たちは日本製鉄の長い歴史が誇る「レジェンド」たちを頼った。

立石たちが呼び込んだOBの一人、長屋雅人は76年入社の大ベテラン。約40年前の広畑製鉄所の熱延ライン新設を担当した経験を持つ。長屋は新設を担当する現役世代たちに、土木や設備、機械、電気制御など各分野のエキスパートが力を結集させるライン新設では、忌憚なく意見を言い合える関係が欠かせないと説いた。「自分たちの作った設備が立派に動き出し、その後も順調に稼働を続けた時の喜びは最高。今の努力は将来の成功にきっとつながる」とエールを送る。

製鉄設備メーカーとの折衝役として助太刀するのは、2020年に退職した柴田正司。圧延機などラインを知り尽くした第一級のエンジニアで、君津地区で6台の圧延機を3台にした上で最新鋭の仕上げ圧延機を導入した大改造工事の経験者だ。再び現役として、初めての新設工事にかかわる。「入社時からの夢がかなった」と喜ぶ柴田は、機械メーカーに精通している強みを生かし、機械メーカーと日本製鉄の役割分担を最適なものにしようと汗をかく。失敗談、プロジェクト管理の落とし穴、製鉄機械メーカーとの交渉の仕方……。手練れのOBたちの知識は数知れない。難題に立ち向かう立石にとって百人力を得た思いだ。

基礎工事は終盤に差し掛かってきた。圧延機など製鉄機械は詳細設計が終わり、製作が始まった。AIで賢く振る舞うライン制御用のソフトウエアの開発もいよいよ本格化する。

名古屋のライン新設プロジェクトでは、土木や機械、電機、システム制御のエンジニアから、それぞれの技術を極めた研究開発者、自動車用鋼板の営業担当者などの顔ぶれがそろう。超ハイテンに関わるあらゆる部署から人がかき集められるのは、日本製鉄では「前にも後にも聞いたことがない」と立石。メンバーは兼任を含めて300人に上る。他にも設備などのメーカー30社、工事施工会社15社が関わり、1日当たり総勢約1600人が働く。

40年ぶりの新設ラインの稼働は26年春の予定。「社運を懸けた巨額プロジェクト。これから1分、1円も無駄にできない」。立石は固い決意を語る。

「ギガキャスト」何するものぞ チャンスは我にあり

「超ハイテン」の生産ライン新設で勝負に出た日本製鉄。そこに強力なライバルが現れた。「ギガキャスト」だ。

ギガキャストとは、巨大なアルミ鋳造機で自動車のボディー骨格を一体成型する製造手法のこと。これまで自動車メーカーは、プレス加工機で鋼板を金型に押し当てて骨格部材を製造。そうしたできた複数の部材を溶接してボディーに仕上げていた。

ギガキャストでは、溶けたアルミを強大な圧力で金型に流し込み、前部や後部といったボディーの形にして取り出す。製造工程が簡略化できる上、アルミは比重が鉄の3分の1とあってボディーの軽量化も実現できるのが売りだ。

電気自動車（ＥＶ）メーカー最大手の米テスラが実用化で先行しており、多目的スポーツ車（ＳＵＶ）の「モデルＹ」で採用した。１７０個の部品をわずか2モジュールにするという常識外れの技術で自動車業界を驚かせた。

第5章　国内に巨額投資の覚悟　高級鋼で勝ち抜く「方程式」

自動車世界最大手のトヨタ自動車も2023年7月、EVの製造でギガキャストの導入を検討すると発表した。トヨタによると、後部ボディーは従来、プレス加工など33工程・86部品に分けて成形、溶接していたが、これをギガキャストで1工程・1部品に集約するという。トヨタの発表に鉄鋼業界は騒然となった。ギガキャストが自動車用ボディーの市場から鉄鋼メーカーを駆逐する可能性もささやかれ始めた。

日本製鉄の鉄鋼取扱量のうち約30%は自動車向け。ギガキャストと正面から向き合わなくてはならない。

ところが、自動車鋼板商品技術室の室長、江尻満は悠然と構えている。「ギガキャストは決して侮れないが、我々にはハイテンを中心に、十分対抗できる技術とソリューションがある」

江尻の自信を裏付けるのが、トヨタが2022年に発売した高級SUVの新型「レクサスRX」。衝突安全性を高めながらも車体の重さを従来型に比べて90キログラム軽くすることに成功した。そこに大きく貢献したのが日本製鉄の超ハイテンだ。

自動車のボディーのうち、後部座席と前部座席をつなぐ「センターピラー」と呼ばれる部分に、引っ張り強度が2ギガパスカル級の超ハイテンが採用された。前部座席脇の「フロントピラー」やルーフ（屋根）近辺などには1・2ギガ～1・5ギガパスカル級の超ハイテンが使われている。

トヨタが超ハイテンをセンターピラーに採用する決め手の一つになったのは、「ホットスタンプ」と呼ぶ加工法だ。ホットスタンプは、鋼板を加熱した状態でプレス加工する技術。熱して軟らかくなった状態で金型に挟み込むため、強度が高い鋼板でも複雑な形状に成形しやすい。しかも、金型の温度が鋼板に比べて低いので、挟み込みながら鋼板の温度が急激に下がって材料が硬くなる「焼き入れ」の効果も得られる。

超ハイテンでは、鋼板を約900℃に熱してからプレス加工しているという。こうした加工ノウハウや、構造部品として必要な性能を実現するのに適した設計などもまとめて提案したことが、レクサスRXでの2ギガパスカル級鋼板の採用につながった。ここに日本製鉄の「勝利の方程式」がある。

素材メーカーにしかできない市場創造

日本製鉄は車体の開発段階から完成車や部品メーカーの開発陣と情報交換し、彼らが抱える課題に耳を傾ける。そして、どのような特性の鋼板を使えばいいか、どのような構造にすればいいか、どのように加工すればいいか、といった解決策に知恵を絞る。

新しい特性を持った最先端のハイテンなどについて、使い方を考えながら市場を創造していく。そんな日本製鉄の姿は、素材メーカーの枠を超え、さながら「部品メーカー」のようだ。

さらに言えば、こうした提案力で採用を勝ち取る戦い方は、素材メーカーにしかできない市場創造手法だ。

鉄としての性能を引き出す金属組織の設計や製造条件の工夫などで他社よりも優れた鋼板を生み出したとしても、実際に使ってもらえなければ価値は生まれない。競合メーカーも技術革新に挑む中、同等の性能を持つ鋼板がいずれ登場するかもしれない。材料の開発でどれだけ先行しても、追いつかれてしまえば価格競争に陥るのが素材メーカーの常だ。

ところが、自動車メーカーなどの顧客が「どんな課題を抱えているか」を起点にすれば、付加価値の引き出し方は一気に広がっていく。新型レクサスRXのようにホットスタンプという新しい部品加工方法を導入するのも手だし、従来の加工方法を採用するのであればしなやかさや軟らかさが増すように鋼板を製造するのも勝ち筋となり得る。部品の設計を変えてもらう提案もあるだろう。

顧客の課題に対して、素材の作り方から使い方まで、ありとあらゆる選択肢の中から最適な解決策を見つけ出し、鋼板を売り込んでいくのが日本製鉄のやり方だ。

実際、ギガキャストの有力な対抗馬となる解決策も準備している。鋳造でボディー骨格を作るギガキャストは、部分ごとに厚みや強度を細かく変えるといった制御は難しい。

日本製鉄には、厚さや強度が異なる鋼板を溶接して1枚の鋼板にする技術がある。その鋼板をホットスタンプで成形すれば、部位ごとに強度や厚みが違うボディー骨格品を製造できる。製造コストや自動車の重量の面で、ギガキャストに十分対抗できると江尻は見ている。

日本製鉄の勝利の方程式は、過去の蓄積から生まれた成果だ。執行役員の上西朗弘はその歴史を作ってきたエンジニアの一人だ。自動車鋼板の技術開発一筋で、ハイテンの市場創造に腕を振るってきた。

上西は入社以来、千葉県富津市にある鉄鋼研究所薄板研究部で研さんを積んだ。車が衝突した時にかかる力を前提に鋼板の引っ張り強度を確かめる試験に明け暮れた。

2000年ごろに作り上げたのは、自動車のボディー骨格を形成する部品の性能をバーチャル空間上の3次元モデルで確かめるプラットフォームだ。新しい特性の鋼板をどのような形状の部品にすれば衝突時の安全性を確保できるかを、物理的な試作なしで検証できるようにした。

上西らはそのプラットフォームを活用し、自動車メーカーと一緒になってボディーへのハイテン応用に取り組んだ。真っ先に興味を示したのはマツダ。その後、トヨタや日産自動車など他の自動車メーカーも次々に採用していく。上西は開発室を飛び出し、広島市や愛知県の三河地方など各地を飛び回った。

しかし、ハイテンが部品の素材として使えそうだと分かっても、実際に採用されるには生産性の問題を解決しなければならない。ハイテンを提案した当初、いくつかの自動車メーカーの生産技術陣は採用を渋っ

上西朗弘はハイテンの材料設計から加工までを極めたエースだ（写真：竹井 俊晴）

た。硬い鋼板をプレス加工すると、いったん曲がった鋼板が元に戻ろうとする「スプリングバック」が起きたり、鋼板が割れたりしやすいからだ。

上西たちはプレス機メーカーなどとも手を携えながら、ハイテンをプレス加工するときの鉄則やコツを習得していった。素材には絶対の自信を持っていたが、それを実際に採用してもらうには「どう使うか」もセットで提案することが大切だと自動車メーカーの現場で学んだ。

金属組織まで立ち返って考える

そして上西のキャリアは、勝利の方程式を築き上げる道と重なっていく。12年にハイテンの金属組織を設計する部門に移った上西は、自動車用鋼板として求められる強さとしなやかさ、軟らかさを備える金属の結晶構造の探求に没頭した。

鉄に少量の炭素を加えた合金である鋼は、一般に炭素量が多いと硬くなり、少なくなるとしなやかになる。ただし、結晶構造は一様ではなく、硬い組織や変形しやすい組織が混在した状態になっている。どんな組織をどのような割合で組み合わせるかが、ハイテンのエンジ

圧延機で薄く延ばしていく過程で冷却も繰り返し、ハイテン特有の金属組織に変えていく

ニアとしての腕の見せどころだ。

加熱と冷却の仕方が変われば鋼の組織は変わる。高い温度に熱してから急激に冷やすことで硬度は高まるがもろくなる「焼き入れ」や、熱した後にゆっくりと冷やすことでやわらかくする「焼きなまし」……。

鋼の中の炭素やケイ素などの含有量や、チタンなどの添加物の種類や量によっても特性は変わってくる。

こうした鋼の熱処理や成分調整の「無限の選択肢」の中から、用途に合わせた組み合わせをできるだけ多く用意し、作る側の製鉄所と議論する。

ここで上西が意識するのが「円卓」だ。「研究開発と製鉄所側がテーブルの対面に座って討議していてはだめ。『こちら側とあちら側』の関係になってしまい、お互いに踏み込んだ視点を持てない」のだと上西は話す。

製鉄所がベストな製造条件を見つけやすいようにする心配りも忘れない。金属組織についてできるだけ多くの選択肢を準備しておく。そして、江尻のような技術マーケティングの部隊は、鋼板をどう加工すれば自動車の軽量化や生産性に付加価値を出せるかを、顧客に成り代わって考え抜く。

アルミ鋳造機で巨大な部品を一体成型するギガキャストを表舞台に引っ張り上げたのは、イーロン・マスクという1人の〝スター〟だった。

日本製鉄の「勝利の方程式」に1人のスターはいらない。顧客の課題をつかむ。部品の構造や加工に精通する。それに適した鋼板を開発する。そして、製鉄所で安定量産する——。そんなチーム一体での価値創造を続けることが、高級鋼の市場を広げ、日本製鉄の事業を成長させていくための根幹となる。

第5章 国内に巨額投資の覚悟 高級鋼で勝ち抜く「方程式」

column

石油会社が認める高級鋼「油井管」の謎

「油井管《ゆせいかん》」という鉄鋼製品をご存じだろうか。地下から石油やガスをくみ上げるための鋼管だ。普段私たちが目にする機会はないが、その姿はまるで「地球を貫く注射針」だ。実は日本製鉄はこの油井管の中でも、ひときわ付加価値が高い「高合金ステンレス油井管」で世界シェア約7割を占める。油井管の秘密に迫ろう。

油井管は、英シェルや米エクソンモービルなどの石油会社が油田で原油をくみ上げるのに使うことからその名がついた鋼管だ。ガス田で天然ガスを取り出すのにも使われる。日本製鉄が主力とする「高合金油井管」の1本の長さは平均12メートルほどで、外径は20～40センチメートル程度。

天然ガスの多くは地下4000～1万メートルの深さに埋まっており、油田も場所によっては数千メートルに達する。深い地下に突き刺さるその姿は、地球を貫く注射針のようだ。

例えば地下4000メートルから原油や天然ガスをくみ上げる場合、油井管を300本以

地下数キロメートルの深さから原油や天然ガスをくみ上げるのに使われる油井管

上もつなぎ合わせながら埋設していく。連結するのに使うのが「継ぎ手」と呼ばれる部品。日本製鉄は油井管と継ぎ手を組み合わせて供給しており、油井管には継ぎ手と接続するためのらせん状の切れ込みを入れる「ねじ切り」加工を施して出荷する。

日本製鉄の油井管は、この20年ほどで世界の600カ所以上で採用された。ビルの建設現場などで見かける鋼材とは異なり、普段私たちがなかなか目にしない場所でひっそりと働いているこの油井管、実はただ者ではない。

原油や天然ガスが埋まる地下深くには、鋼管を腐食させる硫化水素や炭酸ガス（二酸化炭素）が大量に含まれている。深くなればなるほどその量が増え、濃度も高くなる。近年は、より地下深いガス田の開発が進んでおり、油井管の材料には格段に高い耐腐食性が要求されるようになってきた。

しかも、地層中のガスは高温で高圧だ。深さ1万メートルともなれば、温度は200℃以上、圧力は1300気圧以上に達する。そんな厳しい環境に耐えられる性能も兼ね備えなければならない。

油井管一筋30年の大ベテラン、鋼管事業部油井管・ラインパイプ室長の三浦亮太さんは「高温・高圧に耐えられる強度を確保しようとすると、耐腐食性が弱まってしまいます。相反する二つの要求をどれだけ高い技術で両立できるかが競争力の源です。日本製鉄の油井管はその品質が評価されて世界のトップシェアになったんです」と解説してくれた。

高合金油井管は、名実ともに日本製鉄が力を入れる「高級鋼」の一角を占めているが、一体どんな技術が込められているのだろうか。

素材としては、鋼に添加するクロムやニッケルといった合金の配合比率を工夫して腐食しにくくするほか、窒素を入れることがポイントになっているという。2種類以上の金属元素が溶け合った状態で窒素を混ぜると、材料が硬くなる性質がある。

ただし、窒素を混ぜることには弱点もある。鋼管内部で腐食に伴う「応力割れ」が発生しやすいのだ。これを防ぐためにクロムやニッケルなどの添加物を増やすという手もあるが、こうした合金は高価なため、コストが合わなくなってしまう。そこでモリブデンなどレアアース（希土類）を添加することで、コストを抑えながら金属組織を制御する技術を開発。腐食割れに対応できる高合金油井管を生み出した。

継ぎ目なしの巨大な鋼管の作り方

作り方にもノウハウがあると聞いて、高合金油井管の一大生産拠点である関西製鉄所和歌山地区（和歌山市）を訪ねた。

教えてくれたのは和歌山中径製管工場の工具・管制課長、白沢尚也さんだ。実は油井管は「シームレス」。つまり、平らな鋼板をクルッと丸めて継ぎ目を溶接しているわけではない。円柱状の鉄棒に穴をくりぬけば完成、という単純な作り方でもない。「門外不出」の技術とのことで実際に加工している場面は見学できなかったが、白沢さんが実物大の模型を使って説明してくれた。

真っ赤に熱した鉄棒を、穴の開いた油井管へと変える巨大な機械が「ピアサー」。「穴を開ける」という意味の「ピアス（pierce）」が名前の由来になっている。ポイントはピアサーに備わっている機具を「三位一体」で操る力だ。

鉄棒の左右両側を「ディスク」とよばれる2枚の円盤で押さえて、その円盤がゆっくりと回転することで鉄棒が前に押し出されていく。押し出された先には鉛筆の先端のような形の「プラグ」と呼ばれる工具が待ち構えている。このプラグが鉄棒に刺さり、鉄棒中央から押し広げるように穴を開けていく。鉄棒に穴を開けながら、上と下から凸型の「ロール」を回転させながら押し当てる。

肝は加工中に傷をつけないことだという。傷は鋼管の破断を起こす起点になりやすいからだ。特に神経を使うのがロールを当てる角度だ。一気に変形させると傷が発生しやすくなるし、ロールを押し当てるのをためらえば狙った厚さにできない。白沢さんは「(ピアサーを）コントロールするのは『神業』です」と語る。

ピアサーで穴を開けた後は、管の外径や肉厚、長さが所望のサイズになるように圧延する機械を使って完成させる。圧力をかけて延ばした後の熱処理条件を工夫することで、硬い金属組織に変えているという。

油井管が腐食や破断といった不具合を起こすと、原油やガスを取り出せない状態が続き、顧客企業の莫大な損失につながってしまう。一度埋めたら10年以上不具合を起こさない品質が油井管に求められるのだそうだ。

高合金ステンレス油井管は10カ月ほどかけて生産される

ピアサーを使った穴開けや圧延のノウハウ、金属組織の設計などはブラックボックス化しやすい技術なのだという。三浦さんは「高合金油井管の参入障壁は高い。他の鉄鋼メーカーは真似しようにも簡単にはできないでしょう」と自信たっぷりの様子。
高合金油井管は旧住友金属工業の看板製品だが、合併前、旧新日本製鉄が参入しようとしたところ技術や量産化の壁に阻まれて諦めたのだとか。韓国ポスコや欧州アルセロール・ミタルといった名だたる世界の鉄鋼メーカーも商品化の難しさから断念したようだ。
高合金油井管は世界でも3〜4社しか生産できないとされ、

油井管一筋の三浦さん（右から1人目）や特殊な生産ラインを任されている白沢さん（右から3人目）たちが世界シェア7割の油井管事業を支えている（写真：大亀 京助）

日本製鉄の世界シェアは実に7割に上る。和歌山地区の製造設備はフル稼働が続いているという。

「WAKAYAMA」──。世界の石油・ガス業界で日本製鉄の油井管はこのブランド名で知られている。鉄鋼業界で地名がブランドになるのは異例で、日本製鉄の主力拠点がある「君津」や「名古屋」でもなかったことだという。

白沢さんは「和歌山で作られた油井管の価値を認めてもらい、それが信頼につながっている」と笑みを浮かべる。今日も世界各地で人知れず働く油井管だが、そこには「腐食しない」「高温高圧に耐えられる」という技術の粋が集まっている。

第6章

脱炭素の「悪玉」論を払拭せよ
鉄づくりを抜本改革

日本の産業部門別の二酸化炭素（CO2）排出量で4割弱を占める鉄鋼業界。カーボンニュートラル（CO2の発生量と吸収量が実質的に同等の状態）の実現を妨げる「悪者」にならないためには技術革新が不可欠だ。そこで日本製鉄が挑むのが、水素を使って鉄を製造する「水素還元製鉄」。300年の歴史がある鉄づくりの転換は可能なのか。2050年の日本製鉄の命運を握るともいわれるプロジェクトの行方を探った。

コークスの代わりに水素「じゃじゃ馬」を飼いならせ

「おお！　やったぞ」。2022年、日本製鉄の東日本製鉄所君津地区（千葉県君津市）。高さ35メートルほどのプラントの脇にある一室で、大きな歓声が上がった。技術開発本部プロセス研究所で試験高炉プロジェクト推進部長を務める熊岡尚は、操業スタッフと握手をして喜びを分かち合った。

通常、高炉での製鉄工程では、鉄鉱石に含まれる酸素を奪い取る（還元）ためにコークス

第6章 脱炭素の「悪玉」論を払拭せよ 鉄づくりを抜本改革

水素還元の試験炉でCO_2を22％削減する成果を上げた

（石炭を蒸し焼きにした燃料）を用いる。このプラントは、コークスの代わりに水素を使う「水素還元」の試験炉だ。水素還元は製鉄工程における二酸化炭素（CO_2）の排出量を劇的に減らす切り札として期待されており、40年代後半の実用化が見込まれている。

熊岡たちが喜びを分かち合ったのは、高炉で銑鉄を作る工程のCO_2排出量（1トン当たり）を22％削減する成果を上げたからだ。これまでの公表記録を10ポイントほど上回る世界初

■ 鉄鋼業界が約4割を占める

●2021年度の日本の産業部門別CO2排出量の割合

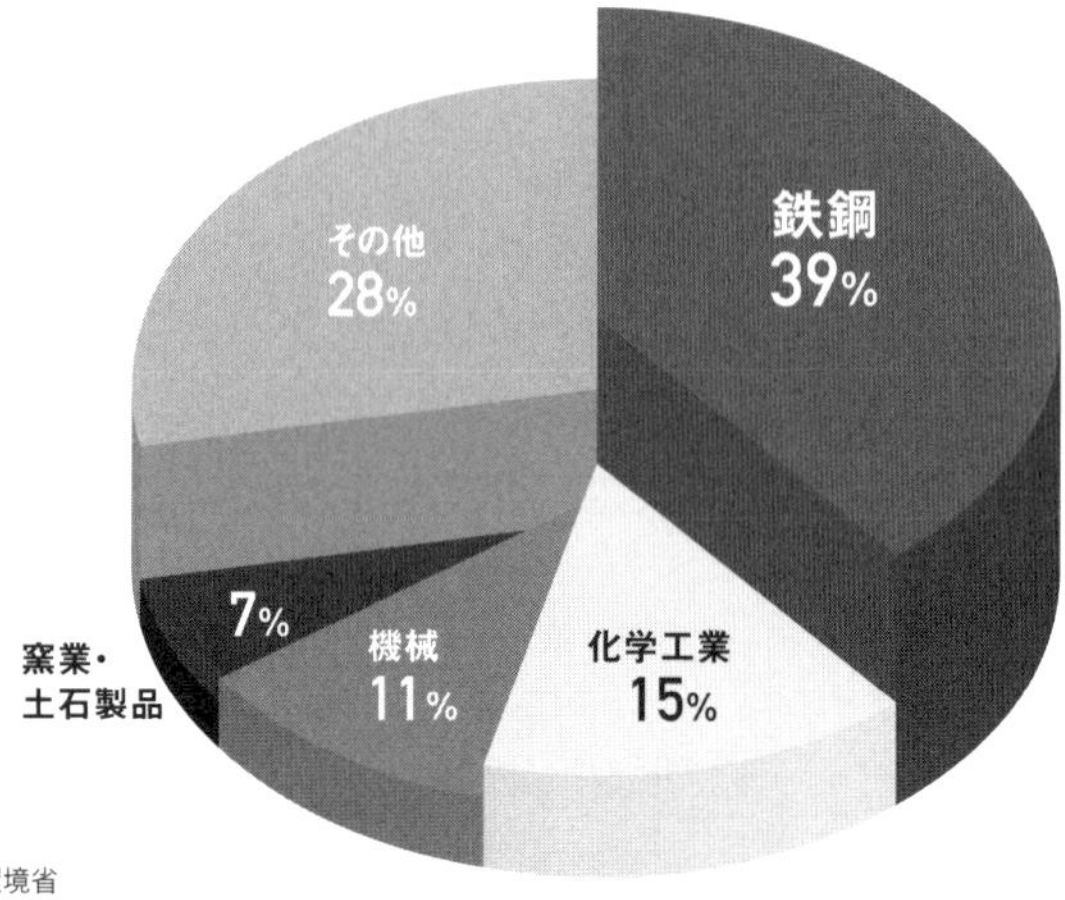

出所：環境省

の快挙だった。実用化に向け弾みがついた熊岡は「23年中には30％削減を達成できるはず」と自信をみなぎらせる。

日本や世界各国が2050年のカーボンニュートラル実現を目標に掲げる中、鉄鋼業界は「悪者」扱いされてきた。日本の21年度の産業部門別CO2排出量で見ると「鉄鋼」は1億4500万トン。全体の約39％を占めており最も多い。2番目の「化学工業」の15％と比べると、その多さが実感できるだろう。国内鉄鋼メーカーの中で粗鋼生産シェアが最大の日本製鉄は、「脱炭素化について日本で最も大きな責任を課せられた企業」と言っても過言ではない。

石炭と鉄鉱石を使って鉄を作る高炉法は約300年前にドイツで生まれ、近代産業を発展させる力となった。だが、今の高炉は、鉄鋼を1トン生産するのに2トンのCO_2を排出してしまう。脱炭素という目標を前に、近い時期の「引退」を勧告されているに等しい。

30年のCO_2総排出量を13年比で30％削減し、50年にカーボンニュートラルを達成することを目指す日本製鉄は、既存の鉄づくりから脱却しなければならない。

その切り札として期待をかけるのが水素還元だ。これまでの高炉では、コークスに含まれる炭素と鉄鉱石中の酸素を反応させることで還元していた。その副産物としてCO_2が発生する。コークスの代わりに水素を使えば、水素と酸素を反応させて還元できるというのが基本的な原理だ。副産物は水（H_2O）であり、還元反応そのものではCO_2は発生しない。

日本製鉄は08年に「コース50」の名称で水素還元製鉄のプロジェクトを始めた。容積が12立方メートルある水素還元の試験炉を15年12月に稼働させ、23年11月までに13回の試験を実施してきた。社運を懸けたこのプロジェクトで、熊岡は10回目の試験から現場指揮官を務めている。

水素を750℃以上に加熱

水素還元の試験では、昼夜三交代制で試験炉を見守る。1日につき10回ほど銑鉄を取り出し、反応が予想通りに進んでいるかどうかを確認していく。

当初は製鉄所内で発生した水素を回収してそのまま燃やしていたが、22年から加熱した水素を吹き込むようにしたところ、反応効率が大幅に上向いた。

水素を加熱するようにしたのは、温度が低いまま吹き込むと、水(水蒸気)の発生に伴う吸熱反応によって炉内温度が下がってしまうからだ。温度が下がれば鉄鉱石が溶けにくくなる。とはいえ、水素を加熱するのも簡単ではない。水素は500℃を超えると爆発しやすくなる。加熱した水素の取り扱いは「じゃじゃ馬」の手綱さばきのように難しい。

熊岡のミッションは「炉内の温度を極限まで高めながら、水素の吹き込み方を工夫して安全に鉄を取り出す」ことだ。人類はこれまで水素を750℃以上に加熱して使ったことはないとされる。その中で日本製鉄は、水素を1000℃以上の高温にして吹き込むという野心的な目標を掲げる。現段階で何度まで温度を引き上げたのかは非公表だが、熊岡は「これまでにない未知の領域に入ってきている」と明かす。ちなみに水素の量は初回に比べ3倍に増やしたという。

試験炉の稼働は基本的に半年に1回、約1カ月間のみ。次の操業までの残り5カ月間は炉内の調査と改修に当たる。チャンスは限られているものの、試験では初めて検証することが山積みだ。

「最初に携わった10回目は何もできずただ見ているだけ。11回目は失敗だった」と熊岡は振り返る。11回目は水素吹き込みに甘さがあった。水素の投入量や加熱温度を変更すれば、銑鉄ができるスピードや銑鉄を取り出すタイミングも変わってくる。水素と鉄鉱石の反応が激しいときには送る風の量を落とすといった緻密な制御が必要になる。周囲は失敗ではないと言うが、熊岡にとっては課題が残る試験だった。

12回目では完璧なまでに目標をクリア。22%のCO2排出量削減という成果を上げた。炉内の温度や水素の吹き込み量などについてはあらかじめ決められた数値を超えないよう範囲を決めておくが、その範囲を11回目よりあえて狭くしておいた。制御の難度は上がるが、問題が起こるリスクの芽を早めに摘める。これが奏功した。

熊岡は1992年の入社後、君津製鉄所の高炉技術室に配属された。97～99年のフランス留学を経て、2001年に君津の高炉課長として戻り10年まで籍を置いた。君津では実に4回の高炉の巻き替え（改修）を経験し、直近では北日本製鉄所室蘭地区でも改修に携わった。これだけ巻き替えを経験している社員は日本製鉄全体を見渡してもほぼいない。今回の水素プロジェクトに抜擢されたのもそのキャリアを買われたからだ。

というのも、水素還元の試験では1カ月の操業と5カ月に及ぶ炉の調査・改修というサイクルをとめどなく回す必要がある。高炉の「診断」や「手術」に長けた熊岡は打ってつけのエンジニアだった。

水素還元製鉄のプロジェクトを率いる熊岡尚は一貫して製銑畑を歩んできた（写真：菊池くらげ）

熊岡は君津製鉄所に長く籍を置いていたこともあり、試験炉の操業メンバーには気心の知れたメンバーが多い。だが、仲間はもちろん君津組だけではない。金属材料、設備機械、化学と多くの専門人材がチームに集う。出身母体は製鉄現場もあれば研究所もある。

試験炉とはいえ、高炉の操業が初めての

社員もいるが、熊岡はデータの見方から銑鉄を取り出す機械操作まで手取り足取り教え込む。

「とにかく誰もが何でも話せて、そこから対話が生まれる環境を作るのが自分の仕事」と熊岡は話す。

脱炭素のフロントランナーを目指す異種混成チーム。限られた試験のチャンスを確実にものにするため、チーム一丸で意思疎通を図り、まるでスタートアップ企業のような疾走感で目標に立ち向かっている。

遠く海の向こうまで試験炉を求めて

「こんな歴史的なプロジェクトはめったにない。まさか自分が携われるなんて」

今から遡ること約15年前の2008年、新日鉄（当時）の技術総括部製銑技術グループリーダーを務めていた三輪隆は胸躍らせた。水素還元製鉄の実現を目指すプロジェクト「コース50」の初代リーダーに任命されたからだ。

温暖化ガス排出抑制の国際協定である「京都議定書（COP3）」が05年に発効し、CO2の排出量を抜本的に削減するための技術革新が注目された頃だ。国は鉄鋼業界のCO2削減の核心的な技術として水素還元製鉄を位置付けた。

三輪たちのチームは、コンピューターを使った開発から始めた。ところが、すぐに壁に突き当たる。モノを使って検証したいが、設備がないのだ。研究段階の未成熟な技術を、製鉄所にある商用の高炉で試すわけにはいかない。試験用の高炉を探したが、新日鉄内はおろか他の鉄鋼メーカーにも研究機関にもなかった。

長い歴史を持つ高炉法は完全に成熟した技術になっていたのだ。今さら試験用の高炉を使って革新的な技術を試す需要はない。降って湧いたような水素還元製鉄という非連続の技術を実証するには、そのための高炉を作るところから始めなくてはならなかった。

とはいえ、急いで作ったとしても何年もかかる。「水素還元製鉄の実用化に向けて立ち止まっていられないのに」。三輪たちは途方に暮れた。

「ルレオにあるらしいぞ」――。10年に入り、プロジェクトメンバーらは遠く離れた異国に試験用高炉があるという話を聞きつけた。スウェーデンの北部に位置する都市、ルレオに同国の鉄鋼大手SSABが持っているというのだ。優良な鉄鉱石の山が多いスウェーデンは古くから製鉄業が盛ん。18世紀には国の一大産業に育っていた。ルレオの北にはキルナ鉱山という鉄鉱石の宝庫がある。

10年12月、三輪は4人のメンバーと共に極寒のルレオを訪れた。SSABの社員に連れられ、初めて見る試験炉。その中からオレンジ色の銑鉄がどろどろとあふれてくる様子を見て胸が熱くなった。「探していたのはこれだ」。三輪はその場でSSABの社員に「ここで試験させてほしい」と頼み込んだ。

すると、SSABの技術者から思いもよらぬ言葉が返ってきた。「これは東京大学にあった試験炉をモデルに作ったんですよ。むしろあなたたちが私たちの先生だ」。東大の試験炉は安全管理の問題や資金難を受けて81年に廃止されたが、その技術がスウェーデンに引き継がれていたのだ。

実は三輪には東大の試験炉との接点があった。三輪は大阪大学出身だが、学生時代に東大の試験炉を見て鉄鋼業界に興味を持ち、新日鉄への入社を決めた。

不思議な縁を感じた新日鉄とSSABの技術陣は意気投合。水素還元の試験ができるよう、試験炉に特殊な機器を取り付けるといった改造をSSABは快諾してくれた。その後は、三輪の後を継いだプロジェクトメンバーたちが度々ルレオを訪れ、日本から運び込んだ水素還元製鉄用の原料を使って研さんを積んだ。

時間がかかりそうとみれば真っ先に海外に飛び込み、最短距離で試験を始める。そんなフットワークの軽さで君津に試験炉ができるまでの期間を有効活用したことが、鉄鋼業の脱炭素化で世界をリードする原動力になった。

26年から商用高炉での試験を開始

三輪から数えて6代目となる、今のプロジェクトリーダーを務めるのが、先端技術研究所長でフェローの野村誠治だ。研究畑の出身で、英国留学を経て技術開発本部で製銑研究開発室長を務めるなどエリートコースを歩んだ。

野村は世界で名の知れた「石炭通」でもある。水素還元のプロジェクトに関わってからは、高度な数理モデルを用いた操業シミュレーションや水素還元の反応メカニズムの解析に腕を振るっている。

君津の試験高炉の目と鼻の先には、現役で稼働する「第2高炉」が鎮座する。「これからが大変だ」。プロジェクトリーダーの野村や現場指揮官の熊岡は第2高炉を見上げながら、不安と期待が入り交じった気持ちで2050年を考えるという。

日本製鉄は26年1月から、この第2高炉を使った水素還元製鉄の実証実験を始める計画だからだ。試験炉の容積が12立方メートルなのに対し、第2高炉は約4500立方メートル。およそ400倍だ。炉の内径も15倍にスケールアップする。

実用化に向け大きく前進するが、一気に大型化することで、「変数が試験炉とは比べものにならないほど多くなる」と熊岡は説明する。吹き込まれた大量の水素は大型炉でどのような挙動を見せるのか、吸熱反応はどんな変化を引き起こすのか、銑鉄の状態はどうなるのか――。それらを見極め、狙った通りに溶けた鉄を作れるよう一歩ずつ進むしかない。

「『炭素を水素に置き換えてCO2を削減できた』と言っているだけでは何の競争力もない。やれば当たり前にできる世界にあって、その先の設備技術でどれだけ世界の鉄鋼大手に差をつけられるかが重要になる」。東京の本社から試験高炉に出向くこともある技術担当副社長の今井正は、そう言って現場に発破《はっぱ》をかける。

高炉という巨大な反応容器の構造や操業ノウハウは、水素還元への移行で大きく変わる可能性が高い。「冶金、化学など、これまでの常識にとらわれない考え方で設計する力がなければ、日の目を見ないかもしれない。それくらいの覚悟で挑む」。今井は300年続いたこれまでの技術を創造的破壊で一新する気概を示す。

かなぐり捨てる「高炉」の看板

播磨灘に面した瀬戸内製鉄所広畑地区（兵庫県姫路市）。ここに新設された年産能力70万トンの「電炉」が22年10月、うなりを上げ始めた。高炉で鉄を製造してきた日本製鉄として初めての本格的な電炉の稼働だ。

電炉は、主原料の鉄スクラップを大きな電気エネルギーで溶かして鋼を作る設備。高炉に比べると生産量当たりのコストは高いが、CO2排出量は高炉の4分の1ほどと少ない。高炉メーカーの日本製鉄があえて電炉を導入するのは、水素還元製鉄以外にも選択肢を揃え、脱炭素を着実にやり遂げるためだ。

その電炉の使い方は型破りだ。一般に電炉は建材などの汎用品を製造するのに用いるが、日本製鉄は高級鋼の筆頭格である「電磁鋼板」用の鋼製造に使う。

電磁鋼板は、電気自動車（ＥＶ）やロボット、電力プラントなどを動かすモーターの「コア（鉄心）」に使われる。日本製鉄製の電磁鋼板は、電力損失の少なさや磁気の通しやすさといった性能が高く、モーターの消費電力当たりの出力を高めやすい素材として評価されている。電磁鋼板の市場で日本製鉄は世界首位と見られる。

日本製鉄はそれまで、高炉で作った銑鉄と鉄スクラップを転炉に入れ、酸素を吹き込みながら反応させて不純物を除去する「転炉法」で電磁鋼板用の鋼を製造してきた。鉄スクラップを主原料とする電炉法よりも不純物を減らしやすいと見てきたからだ。だが、今回の電炉の稼働に合わせて門外不出の製造ノウハウを確立。電炉で製造した鋼を電磁鋼板の材料として使い、顧客に供給するようになった。

高炉は製鉄所の魂ともいえる存在だが、そこに固執する様子はない。「いずれ高炉や電炉といった垣根そのものが意味をなさなくなる。どちらが有利か不利かではない。それぞれの長所短所を踏まえて製鉄所のポートフォリオを変えていく」。副社長の今井は30年先の日本製鉄を見据えている。

脱炭素のためなら高炉を捨ててでも新たな技術を磨き、鉄のサーキュラーエコノミーを確立しようとする。電炉への転換の検討が、同じく電磁鋼板を製造する九州製鉄所八幡地区（北九州市）でも始まった。

名門・八幡の高炉を転換

八幡地区は、1901年に操業を開始して日本の近代産業の礎を築いた「官営八幡製鉄所」の流れをくむ製鉄所。日本初の一貫製鉄所でもある。官営製鉄所を引き継いだのは半官半民の国策会社「日本製鉄」だったが、戦後に解散。実質的に八幡製鉄（今の日本製鉄の母体の一つ）が引き継いだ。

伝統だけではない。八幡は生産効率でも優れた「先輩」だ。八幡では出銑計画量に対して、100％近い歩留まりをキープしている。この割合は、日本製鉄の国内にある高炉の平均値よりかなり高いとされる。

そんな優等生である八幡の高炉を、日本製鉄は2030年をめどに電炉に切り替える検討を進めている。入社以来、八幡地区で高炉一筋の道を歩んできた製銑部の大ベテラン、平木健一は電炉への切り替えについて「さびしい気持ちはあるが、これも時代の流れ。八幡にと

電炉を本格的に活用し始めた日本製鉄にとって山陽特殊鋼は師範のような存在。写真は山陽特殊鋼の製鋼の様子

って〝第二の創業〟になる」と語る。

電炉を着実に戦力にするため、「子」にも教えを請う。頼りにするのが、電炉の主要子会社、山陽特殊製鋼だ。本社工場は、日本製鉄が大型電炉を稼働させた広畑地区から東へ6キロメートルほどのところにある。

山陽特殊鋼はベアリング（軸受け）鋼の国内最大手。自動車のエンジンやトランスミッション、建設機械、産業機械などに使うベアリングの素材で高いシェアを握る。かつて山崎豊子の小説「華麗なる一族」のモデルになった企業であり、日本製鉄が19年に子会社化した。

溶かした鉄スクラップに合金鉄を混ぜる成分調整や、不純物を取り除く精錬……。山陽特殊鋼が電炉で鋼を製造する技術は折り紙付きだ。それを少しでも学ぼうと、日本製鉄の広畑地区の電炉担当者が山陽特殊鋼に足しげく通う。激しい火花が散る現場では、「鍋」と呼ばれる精錬用の容器で不純物を取り除いたり、水素など不要なガスの成分を抜いたりするノウハウを学んでいる。

GX敗戦の危機
広がる欧州との支援の差

「海外とのカーボンニュートラルの開発競争を100メートル競争に例えると、スタートダッシュをして10メートルのところにいるのは我々日本だけ。ただし、残り90メートルをトップで走り切ってゴールできるかどうか、予断を許さない」。日本製鉄社長の橋本英二は、22年2月に開かれた政府の産業構造審議会・製造産業分科会の席上、出席する委員らにこんな自説を披露した。

その理由を橋本は「国の支援、政策パッケージが整備されなければ、産業競争力を維持できないから」だと説明する。2年ほど前には、橋本は当時首相の菅義偉などに「鉄鋼業は我が国全体のものづくりの国際競争力を下支えしている。鉄鋼業のカーボンニュートラルは国を挙げて取り組むべき国家的課題」と直訴。その後も政府要人へのロビー活動を繰り返している。

日本製鉄は、カーボンニュートラルに向けた設備投資が2050年までに総額5兆円、研究開発費が5000億円ほどかかると見込む。足元の事業利益のおよそ6倍かかる計算だ。「鉄鋼業界の脱炭素（への取り組み）は一メーカーの投資（余力）を超えている」というのが橋本の偽らざる気持ちだ。それは世界各国の動きからも分かる。

欧州連合（EU）では、各国の国家プロジェクトとして鉄鋼業の脱炭素化に7～10年間で数兆円の資金やファンドを用意している。欧州アルセロール・ミタルは水素を使う製鉄プラントや電炉などの設備投資に対して最大50％の公的支援を取り付けた。ドイツ政府が後ろ盾になっている。スペインやベルギーの政府も、ミタルが新設する同様のプラントにそれぞれ10億～11億ユーロ（約1600億～1760億円）拠出することを決めている。中国では世界最大手の鉄鋼メーカーである国営の宝武鋼鉄に対して、政府が資金を全面支援している。

水素2000万トンでは足りない

翻って日本は国からの支援が乏しい。22年に公表された新エネルギー・産業技術総合開発機構（NEDO）による水素還元製鉄への支援は2000億円弱にとどまる。橋本らの切実な要望を受けて23年には4500億円への増額が決まったが、あくまで鉄鋼業界全体への支援額。日本は水素還元製鉄で世界最多の特許申請数を誇るなど先頭を走ってきたにもかかわらず、このままでは実用化の段階で足踏みすることになりかねない。

水素の調達も日本製鉄1社の手に負えない。政府は「水素基本戦略」などで50年に年間2000万トンの水素を導入する計画を打ち出しているが、水素を産業の中核エネルギーとするにはまだまだ足りない。鉄鋼業界だけでなく発電用燃料や燃料電池車などの用途もあり、2000万トンを巡って奪い合いになる恐れがある。

概算では日本製鉄だけで50年に800万~900万トンの水素が必要と見込まれる。技術革新の進展度合いや鉄鋼需要、そして今後の高炉の休廃止のスケジュールによって変わるが、

ＪＦＥスチールや神戸製鋼所などと合わせた鉄鋼業界全体で２０００万トンを優に超える。

水素コストも問題になる。足元では1立方メートルあたり40円前後だが、石炭の代わりとして同等にするためには8円程度まで下げなければならない。さらに日本は海外からの輸送コストが負担となる。「海外とのイコールフッティングのため国の（財政的）支援が欠かせない。支援がなければＧＸ（グリーントランスフォーメーション）敗戦となる」と橋本は危機感を募らせる。

株式市場では、鉄鋼業の競争力を測る指標として「ＣＯ２排出量当たりの付加価値率」が注目され始めた。例えば日本製鉄の国内向け鋼材販売量を年３５００万トン、国内の事業利益を３５００億円と仮定すると、１トンの利益は約1万円となる。１トンの鋼材をつくるのに約２トンのＣＯ２を排出すると考えれば、トン当たり５０００円が付加価値になる計算だ。このＣＯ２排出量当たりの利益をどこまで高められるかが、世界大手と渡り合うための物差しになっていく。

鉄鋼業の生産量1トン当たりのエネルギー消費量は日本が最も小さく、日本を１００とするとドイツ１１０、米国１２９などとなっている。（19年）。だが、省エネで勝っても、水素という非連続のイノベーションをものにしなければ、脱炭素と収益性を評価軸とする世界競争から脱落する。

それは日本製鉄の経営の屋台骨を揺るがしかねない。橋本は国を巻き込んだ総力戦で、「GX敗戦」回避の道を探っている。

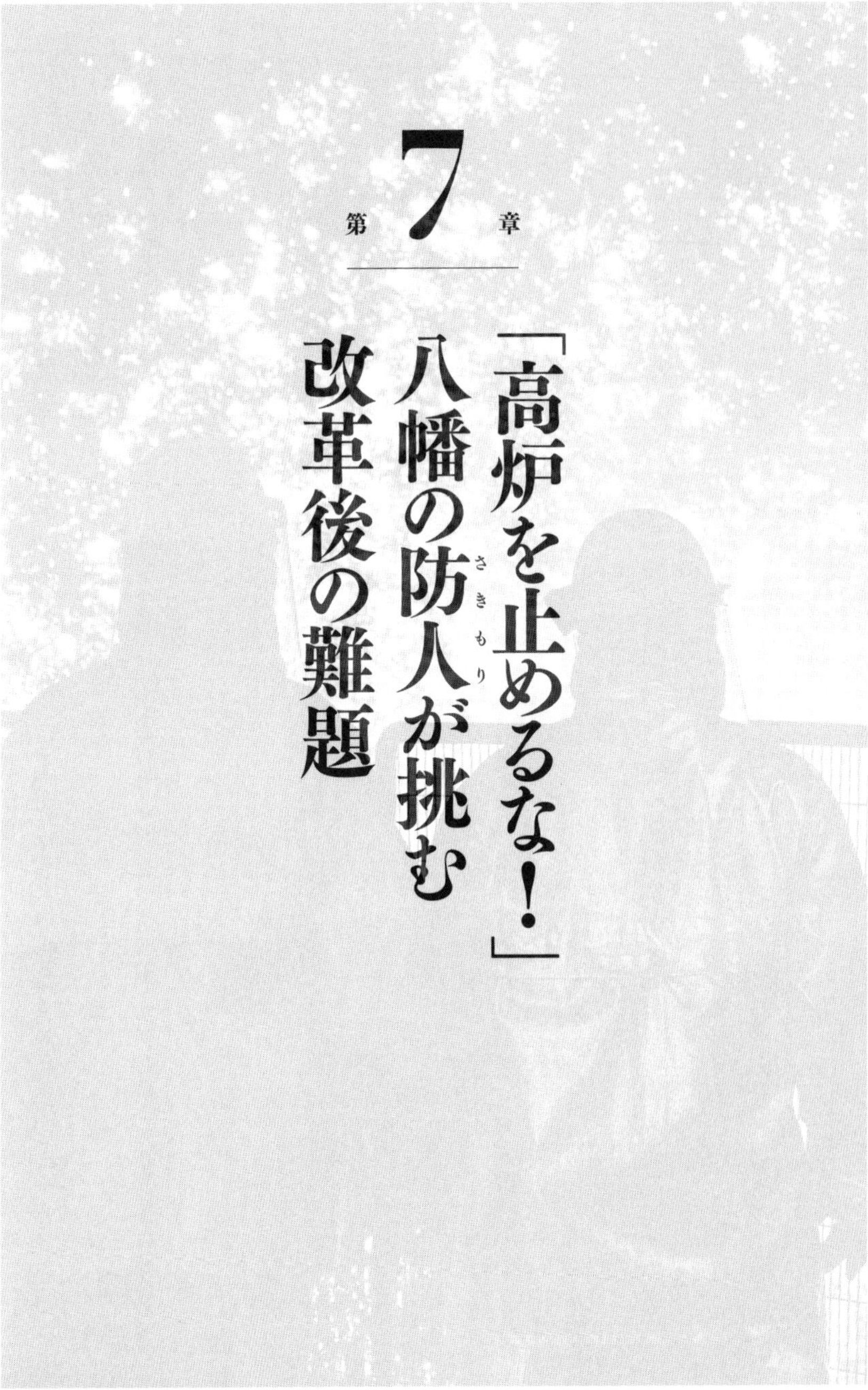

第7章

「高炉を止めるな！」八幡の防人《さきもり》が挑む改革後の難題

（写真：森田 直希）

高炉の削減で生産能力の余剰は解消された。筋肉質になって収益力が高まった一方で、いざ高炉トラブルが起こった時の対応余力は狭まってきている。これまで以上に「止めない」操業が重要になっている。デジタル技術の積極活用は当たり前。それでも起こり得るトラブルをどう封じ込めるかがカギとなる。

構造改革の副作用
問われるレジリエンス

2021年12月にそのトラブルは起きた。現場は九州製鉄所大分地区（大分市）の第2高炉。折しも、日本製鉄が構造改革を推し進めている真っただ中だった——。

高さ100メートルにも達する高炉では鉄鉱石と石炭を蒸し焼きにしたコークスをてっぺんから投入し、熱風を吹き込むことで2000℃以上の高温で鉄鉱石を溶かす。そうして、どろどろに溶けたマグマのような鉄を作り出す。鉄鋼メーカーにおける最も上流の工程だ。

第7章 「高炉を止めるな！」八幡の防人が挑む改革後の難題

2基の高炉を擁す大分地区はアジア向けの輸出も盛んな拠点だ

コスト負担が重い分、操業効率をどれだけ高められるかが収益を左右する。

鉄鉱石とコークスを入れた状態で、炉の下の方から粉状の石炭「微粉炭」とともに熱風を吹き込むと、一酸化炭素など高温ガスが発生。それが激しい上昇気流となって立ち上り、酸素を取り除きながら鉄鉱石を溶かす。炉内では「鉄の雨」が降り注ぎ、炉の底辺に池のようにたまる。これが銑鉄だ。

銑鉄は炉の底にある「出銑口」と呼ばれる穴を特殊な機械で開けると勢いよく噴き出す。炉を出た銑鉄は樋《とい》を通り、巨大なタンクを備えた貨車に注ぎ込まれる。この出銑時の一連の作業を「炉前作業」という。

大分で10年に一度あるかないかの大トラブルが発生したのは、この炉前作業でのことだった。

大分地区の高炉では5つある出銑口のうち通常3つを使い、順番に銑鉄を抜き出す。ところが、その日は出銑口付近に、低温になって固まりかけた鉄と膨大な「スラグ」がたまり、時間をかけても銑鉄をうまく取り出せなかった。スラグとは鉄鉱石に含まれるシリカなどの不純物が冷えて固まったもの。副産物として必ず産出される。

専用の棒を使って出銑口にたまったスラグなどを取り除くことを「洗う」という。経験豊富なベテランであれば銑鉄の色の様子を見たり、金属棒を突っ込んだ時の感触を確かめたりしながら洗い落とせる。通常はそうした人物が司令塔となり、「もっと奥をかき出せ！」「かき出す量が足りない！」「もう十分」などと指示を飛ばし、総がかりで出銑トラブルを解消していく。

なすすべがない現場

ところが、大分の現場にいた社員らは洗う作業の経験値が乏しく、右往左往するばかりだった。リーダー格の社員も臨機応変な指揮ができなかった。スラグが邪魔をして銑鉄を取り出せないでいるうちに、今度は熱風を吹き込む「羽口」にまでスラグや冷えかけの溶銑がたまり、思うように風を吹き込めなくなってしまった。

炉内の温度はみるみる下がっていく。炉の温度が下がれば、銑鉄の温度も下がり、さらに流れにくくなる。症状は時間がたつにつれて悪化し、常に1500℃以上あるはずの炉の温度が、一時は1300℃ほどまで低下してしまった。

その後、何とか洗い出しに成功。1週間ほど経過した22年の年明けには、復旧したかに見えた。

ところが、出銑こそできたものの、再び別の出銑口からの取り出しに手間取る。閉めかけの水道栓の蛇口のようにちょろちょろとしか流れ出てこない。すると、銑鉄とスラグが冷えてあちらこちらでタケノコのように成長していった。出銑口を耐火物でふさごうとしても、今度は固まったタケノコが邪魔して機械を動かせなかった。

銑鉄を取り出せないため、再び熱風を吹き込めなくなり高炉の温度が低下していく。結局、高炉の不調は3週間も続いた。通常であれば月間60万トン強を出銑するはずの高炉が、43万トンもの減産に追い込まれた。

21〜22年初めは新型コロナウイルス禍で需要が減っており、製品の供給不足までは至らなかったのは不幸中の幸いだった。

だが、一歩間違えば、高炉が完全に止まる「炉冷」に至ったかもしれない。それほどの大トラブルだった。「これを繰り返せば顧客からの日本製鉄に対する信頼を失う」。社内からは厳しい声が上がった。

高炉の安定操業はいつの時代も求められることだが、日本製鉄にとってとりわけ大きな経営課題となってきた。背景にあるのは構造改革の「副作用」だ。

第1章で見たように、日本製鉄は今後の内需落ち込みや収益体質強化のため、国内の製鉄設備の統廃合を進めてきた。15基あった高炉は23年3月期には11基まで減った。25年3月期にはさらに1基減る。生産能力は2割減る計算だ。

これによって、需要と供給は均衡してくる。その分、これまで以上に安定供給の責任が大きくなる。余剰能力があれば一つの高炉でトラブルが起きても別の高炉で肩代わりしやすいが、それが難しくなるからだ。改革によって高収益体質を手にした一方で、生産の空白を生まない強じんな操業体制を構築しなければならなくなっている。

ＡＩで高炉を操る

安定操業の手段の一つが、ＡＩ（人工知能）など最新デジタル技術。鉄鋼業界はオールドエコノミーだが、実はＩＴ（情報技術）の勃興期から貪欲にその技術を取り入れてきた歴史を持つ。語り草は米ＩＢＭのメインフレーム機。１９６０年代に日本で最初に導入したのは、日本製鉄の旧君津製鉄所だった。

製鉄所の設備や運搬の機械は巨大で運用も複雑。少しでも設備をムダに動かしたり、製品を作ったりすれば、その分大きなコストがかかってしまう。だから緻密に計画し、計画通りに細かく管理・制御する必要がある。問題が起きた時には早く発見し対応しなければならない。そうした処理を得意とするデジタル技術の活用は、ある意味必然だったといえる。大規模なコンピューターで操業を管理する日本製鉄のシステムは、年々高度になっていった。

先進性は今も息づく。北海道室蘭市にある北日本製鉄所室蘭地区。20年に第2高炉の制御をＡＩに置き換えた。「トラブルなく安定量産できれば収益力は格段に向上する」。ＡＩ高炉の開発に携わってきた製銑技術部部長代理の杉山慎はこう語る。

高炉の外壁や炉内のガスの通り道など約５００カ所に温度計や圧力計などを設置。これらのセンサー群から計測データをリアルタイムで集める。そのデータを銑鉄の安定生産のために開発した数理モデル（アルゴリズム）に読み込ませることで、高炉の状態を常に最適に制御する。これがＡＩ高炉だ。

炉に入れる鉄鉱石やコークスの状態はその時々で変わる。燃えやすいものや燃えにくいものの、大きいものや小さいものなど、原料ごとに千差万別だ。炉に入れるまでは製鉄所のヤードに野ざらしで置かれているため、そのときの雨量などによって水分含有量もまちまちだ。鉄鉱石の投入時にカメラや計器で粒の大きさや水分量を測り、熱風を吹き込む量や圧力、一緒に投入する微粉炭の量などをＡＩが最適に調節していく。

厳重な温度管理こそ銑鉄を24時間安定して出し続けるための肝だ。これまでは人がその指示役を担っていたが、杉山は「技能者の暗黙知を形式知にしたＡＩで、これまで以上に高炉をうまく操れるようになる」と力説する。

こうした投資の対象は高炉だけではない。人間では解けないほど複雑な全社の生産計画を

ＡＩが導き出すプラットフォームや、製造現場のあらゆる設備のデータを集めて故障予防や異常検知の精度を高めるシステム……。最初のメインフレーム機の導入から半世紀以上。今も日本製鉄は「デジタル製鉄所」に武装すべくアクセルを踏んでいる。

トラブル減少が呼んだ経験不足

「高炉のトラブルはこの10年でかなり減っている」。高炉の安定操業や改善に関する企画などを担う製銑技術部で上席主幹を務める吉野亨伸は現状をこう分析する。ところが、「トラブルに遭遇する機会が減れば、現場に経験値が蓄積されない。だから、大分地区のようにいざという時の対応が難しくなっている」のだという。一体どういうことか。

操業システムの自動化が進み、ヒューマンエラーは減った。製鉄所ごとに作業手順書やマニュアルが整備され、暗黙知の共有が進んだこともある。そして、ＡＩなどでシステムをさらに先鋭化させる中、トラブルの発生頻度はさらに減るだろう。だが、システム依存が進んだ結果、小さなトラブルが火種となり、それに対処できないまま10年に一度の大トラブルへと発展してしまう。

「どうすればレジリエント（復元力のあるしなやかさを持った）な高炉を根付かせられるか」。日本製鉄の自問自答にカギを握る一人の男がいる。

平木健一。九州製鉄所・八幡地区の高炉課係長で、高炉一筋約40年の大ベテランだ。全国の製鉄所の高炉担当者の中でもピカイチの技巧を誇る〝ラスト・サムライ〟だ。

平木健一は八幡の高炉一筋の匠。「平鬼」と恐れられることも（写真：森田 直希）

1968年北九州市生まれ。日本製鉄の前身の一つである八幡製鉄や住友金属工業の高炉がそびえる「鉄の街」に育った。鉄鋼業を特段志望していたわけではなかったが、実家が自営業だったこともあり、サラリーマンにあこがれた。大学には進学せずに当時の新日本製鉄の門をたたいた。

86年、最初に配属されたのが高炉工場だ

った。出銑口からあふれ出すオレンジ色の銑鉄に目をみはり、激しい化学反応で鉄ができるワクワク感を覚えた。「高炉の道を究めたい」と先輩に指導を仰いだ。銑鉄が流れる樋《とい》を傾けつつこぼさないように制御する技術や、出銑口を開け閉めする機械の取り扱いなどの高炉作業を7〜8年かけて一通り身に付けた。

80年代末のバブル崩壊後、人員が余剰になった頃には、雇用対策で鋼材の主要顧客であるトヨタ自動車の元町工場に派遣された。ブレーキユニットや油圧ホースの取り付けなど組立てラインに立ったが、時々刻々と鉄の様子が変化する高炉への思いが募った。

平木を大きく成長させたのは32歳の時だ。銑鉄の副産物として必ず出る「スラグ」に高圧の水を噴射し、急冷して砂状にする設備の操業を任された。設備や操業の改善に熱中し、処理率を80％から90％にまで高めた。若手ながら八幡にその名をとどろかせた。

失敗も味わった。スラグを処理する装置が故障した際に、復旧に取り掛かったが膨大な時間を奪われ、トラブルを増幅させてしまった。「いつもと同じ復旧作業だ」と決めつけて取り掛かったのが原因だった。引き継ぎの時、前任者からの説明をうのみにして現地現物の確認を怠っていた。痛恨のミスだった。

以来、平木はあらゆる操業プロセスについて、常に疑問を持って考えるようになった。「前からずっとやっていること、いつも当たり前と思ってやっていることは正しいのか？」「過去にやっていたのに今やらなくなっているのはなぜか？」と自問する。その問いに対する答えは、「高炉を安定稼働させるという目的に沿っているか」を軸に導き出す。そこで決めたことは、たとえ凡事であっても徹底する。

「習得ではなく体得せよ」

「トラブルが起きないようにするにはどうしたらいいかずっと考えて行動している人」。後輩の原口雄志の平木評だ。

「お前の（やり方）はごみを隠しているだけや」。何年か前、原口は平木から大目玉を食らった。現場清掃でごみを捨てずに隅に寄せていたからだ。設備からかなり離れた場所だったが、「設備にゴミが入って故障でもしたらちゃんと出銑できんやろ。おれらはチームで動いている。故障したら後の人が困るやろ」と言われた。

高炉マンとなって10年近くになる原口は、今もこの叱咤《しった》をはっきり覚えている。「ささいなことも先送りしない。見て見ぬふりをしない」と日々、自らを戒めている。

原口が現場点検に向かう前に、平木から「今日の目的は何か？」と急に尋ねられた時のこと。答えられずにいると「だから、お前は成長せん。一つでも目標を持って現場に行け！」とたしなめられた。別の若手は何を学んだかを問われ、はっきり答えられずにいると「理解するまで現場から帰ってくるな。習得ではなく体得して帰ってこい！」と戻された。炉前作業では、出銑時に火花が飛ぶなど危険が多い。だから作業員は湿らせたタオルを首に巻き付けることになっている。タオルが乾燥していると平木にタオルをつかまれ、「なんやこれは！」と怒鳴られる。


「平鬼」と言われることもあるほど平木の指導は厳しい。だが、それは現場の社員を守り、安定供給の責務を果たすための責任感ゆえだ。中には平木の指導を敬遠する若手もいるが、「誰かが嫌われ役にならんとね」と平木は笑い飛ばす。

一方で仕事が終わると全くの別人のようになる。「優しく気さくで面倒見のいいおっちゃん」と原口は表現する。部下の結婚式では自らシャッターを切り、アルバムにして手渡す。そんな情の厚い人物でもある。

平木の高炉マンとしての実力は折り紙付きだ。その強力なリーダーシップとチームワークのおかげで、八幡地区のトラブルは他の製鉄所に比べ圧倒的に少ない。

他の製鉄所で一大事ともなれば、応援要員として必ず平木に声がかかる。15年ほど前には、競合メーカーでもある日新製鋼の高炉トラブルに呼ばれたこともある。向かったのは日新製鋼の呉製鉄所（広島県呉市）。炉内が冷えた状態からの復旧作業中だったが、熱風を吹き込み過ぎて炉内の石炭が吹き飛び、内部が複雑な形状の鍾乳洞のようになっていた。「こりゃいかん」。すぐさま最適な石炭の投入タイミングと量に頭を巡らせ、急場をしのいだ。他社の火事場に呼ばれるのは異例のことだが、平木はそれくらいどこからも頼りにされる仕事師だった。

「大分は休止してしまえ！」

大分地区が一大事に陥った時も、平木は本社の指示で派遣された。「一体、大分はなんばしよっと？」。冷えかけた高炉と対峙し、悪戦苦闘しながらも立て直しに力を貸した。その3カ月後、八幡から大分地区への平木の異動が決まる。九州製鉄所の直属の部長からは「大分の尻をたたいてこい」との命を受けた。

「高炉の鬼」とまで言われた平木にすれば、大分の炉前作業は「凡事徹底」の考え方が欠落していた。作業員が首に巻き付けるタオルがぬれていないことが多い。溶銑が流れる樋も十分整備されているとは言い難い。設備や用具の使い方や管理にも甘さがあった。

平木は外様だったが、臆することはなかった。社内のコミュニケーションツールを使って現場の不備が分かる写真を共有し、潜在的なリスクをあぶり出した。社員たちを前に「大分は一生懸命やっちょる。だけど高炉のプロやない」と一刀両断した。

しかし、周囲の反応は乏しい。改善提案もなかなか実行してもらえなかった。

案の定、着任早々の4月に前回のトラブルとは別の第1高炉で樋の耐火物が不具合を起こし、穴が開いた。すぐに修理したが、その4カ月後に別の不具合も起きた。「第1高炉は吹き下ろして（休止して）しまえ！」。平木は怒り心頭に発した。

危機の深刻さに現場はようやく目覚めた。平木が発信元となったチャットツールなどで改善案を議論し、具体的に行動に移す動きが広がった。現場を切り盛りする係長や課長にリーダーシップの大切さを説き、上下問わずものが言いやすいチーム作りも促した。少しずつ変わっていった大分地区。その2つの高炉は、22年末ごろから目立ったトラブルもなく安定操業を続けている。

「操業の安定度が高まって大トラブルの経験が少なくなっていることが、いざという時に対処できない根本要因になっている」。平木も吉野と同様の課題を感じ取っていた。トラブルはどれだけ減っても、ゼロにはならない。万に一つ起きてしまったトラブルを取り返しがつかなくなる前にいかに鎮めるか——。その知恵が求められている。

縦割りを排して全国の高炉マンが大集結

本社の製銑技術部の吉野たちは、22年秋に新プロジェクトを立ち上げた。高炉を擁する全6製鉄所（地区）を、各製鉄所の高炉担当者が順繰りに検分して回る、初の全国製鉄所キャラバンだ。高炉担当者たちで意見をぶつけ合って、全製鉄所一丸で安定操業の仕組みを築き上げるのが目的だ。

製鉄所間はずっと縦割り意識が強かった。用語の使い方から設備の保全方法に至るまで、それぞれの製鉄所でやり方が違っていた。日本製鉄は製鉄所の構造改革を進める過程で16拠点あった製鉄所を東日本や九州など6エリアに集約し、エリアごとの一体運営に切り替えた。その全体最適化のフォーメーションを生かしながら、縦割りを排して知恵を出し合おうというのだ。そのリーダー役に吉野は、「高炉の鬼」の平木と、関西製鉄所・和歌山地区のベテラン、魚住泰伸を選んだ。

会場となる製鉄所には全国から25～30人ほどが集結する。班長、係長クラスの高炉担当者が炉前作業をつぶさに見て回り、不備やリスクがあると感じたポイントを率直に指摘する。その上で、「なぜできていないのか」「やらない理由は何か」など、細部にわたってとことん討議する。

遠慮は一切無用。欠陥やリスクの〝芽〟として討議される項目は、1カ所の製鉄所で20以上に及ぶこともある。その製鉄所が「課題だ」と認識した場合は、それについての対策を考え、次の巡回先でその内容を発表する。言いっぱなしではなく相互に課題を共有し、処方箋を考えていく。

全国各地の製鉄所から名古屋製鉄所に集まった高炉マンたち。遠慮無用でトラブルなき操業を討議した（写真：森田 直希）

全製鉄所を対象とした作業手順書や管理マニュアルは、以前からある。だが、通り一遍の手引では解決できない現場の課題も多い。その課題に対して全国の高炉担当者が知恵を出し合い、全製鉄所がそれを参考にしていく。

トラブル対応経験を「形式知」に

23年6月、全国から集まった高炉担当者たちの姿が名古屋製鉄所にあった。22年10月から始まったキャラバンの最終回だ。高炉の前を隅から隅まで見て歩き、時には設備を指さしたり、立ち止まってのぞき込んだりしながら最も目を光らせていたのは、やはり平木だった。

討議では各地の高炉担当者が厳しい目で見つけた課題が百出した。そして中盤に差し掛かった頃、議論は自然と「トラブル経験の少なさという課題をどう解消するか」というテーマに移っていった。君津地区の担当者は「(熱風を吹き込む)羽口が詰まった時、誰がどのように対処していいのかという指揮命令系統が不明瞭で、混乱した経験がある」と明かした。大分ほど深刻ではないが、問題の構図は似ている。

各地の担当者も、いざ自分がその現場にいたら乗り切れるかどうかという不安を口にした。平木は半年以上にわたるキャラバンを通じて、経験豊富なベテランの経験や勘を「形式知」にする必要性を痛感した。吉野も同じ心持ちだった。

今、製銑技術部はベテランたちの声を集めながら、トラブル対応の暗黙知を形式知に変える作業を進めている。10年に一度あるかないかの大トラブルにも的確に対応できるようにするためだ。

高炉からの出銑が丸1日できなければ、数億円規模の損失となる可能性もある。自らが出血するだけでなく、鋼材供給が止まれば日本の製造業全体にも打撃になる。そうなれば、せっかくの構造改革は本末転倒となり、供給責任の欠如というそしりを免れない。平木や吉野を先頭に製鉄所が大同団結して、高炉にこれまでにないレジリエンスを持たせていくことは、焦眉の急だ。

平木は55歳。後任に考えている原口に厳しい指導で技能継承を進めているが、最近は短く「やっちょけ（やっとけ）」と言うことが増えた。「任せるからやっとけ、自分でやり方を考えてやれ、ということなのだと思う」。そう原口は解釈している。

日本製鉄は八幡地区の高炉を30年までに休止し、電気で鉄スクラップを溶かす「電炉」に転換する検討を進めている。電炉が本格稼働する頃、平木が定年を迎える時期が迫る。

日本製鉄の全国の高炉が長きにわたって安定操業できるよう、自らの技能に基づく「形式知」作りに全身全霊を傾ける。それが平木の最後のご奉公だ。

第8章

原料戦線異状あり 資源会社に巨額出資

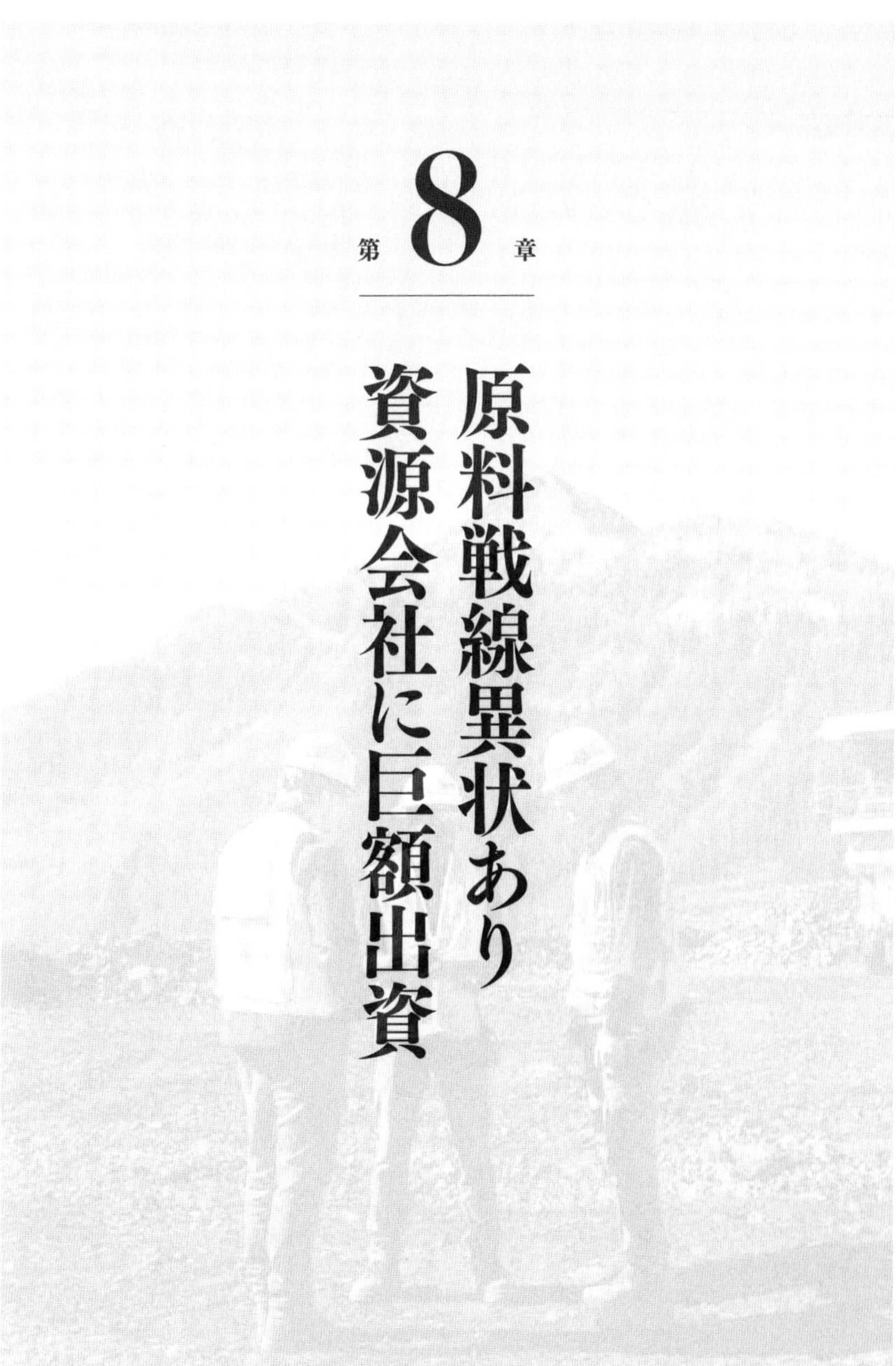

鉄鉱石と石炭がなければ、鉄は生み出せない。その原料の調達に、嵐が吹き荒れている。資源大手の寡占化が進み、市場には投機マネーも流れ込む。原料価格はここ数年で急激に上昇し、製鉄事業の大きな重荷となっている。持続可能な鉄づくりの生命線を死守しようと、日本製鉄は初めて資源会社への出資に打って出た。

脱炭素への切符
高品質な原料を我が手に

2023年11月、日本製鉄が世界の資源業界の話題をさらった。カナダの資源大手、テッククリソーシズから独立するエルクバレーリソーシズ（EVR）の株式を、日本製鉄が20％取得し、持分法適用会社にするというのだ。出資額は約13億4000万ドル（1ドル150円換算で約2000億円）に上る。残りの株式については、スイスの資源大手グレンコアが77％、韓国鉄鋼大手ポスコが3％持つ。

エルクバレーは原料炭（石炭のうち製鉄に使うコークスの原料とするもの）専業で、年間

カナダのテックリソーシズが独立させる原料炭事業は世界第2位のシェアを持つ

生産能力はカナダの4鉱山で2500万～2700万トンに達する。原料炭では世界2位（海上貿易量ベース）だ。日本製鉄はエルクバレーへの出資によって大規模な権益を確保し、原料炭を安定的に調達できるようになる。

日本製鉄はこれまで石炭や鉄鉱石といった鉱山の権益を投資対象にしてきたが、資源会社そのものへの出資は初めてとなる。資源関連の投資額としては過去最大で、エルクバレーの経営を巡る重大な意思決定にも関与できるという。

22年11月、日本製鉄社長の橋本英二はカナダ南西部のブリティッシュコロンビア州にいた。米国との国境付近にある石炭鉱山の1つをつぶさに見て回った橋本は、鉱山を保有するテックリソーシズの本社があるカナダ・バンクーバーに移動し、担当者からの説明に耳を傾けた。そして、決断した。「日本製鉄のカーボンニュートラル実現のためには、ここを買うしかない」

脱炭素の鉄づくりで「転ばぬ先の杖」

脱炭素が叫ばれる中、石炭の鉱山会社に出資するのは時代に逆行しているように見える。しかし、日本製鉄の考えは違う。「カーボンニュートラルな鉄鋼生産プロセスでは高品質な原料炭が必要不可欠になる。その安定調達を図る」。原料担当副社長の広瀬孝は狙いをこう説明する。

第6章で見たように、日本製鉄は二酸化炭素（CO2）をほぼ排出しない「水素還元製鉄」を40年代に実用化することを目指している。ただし、鉄鉱石に含まれる酸素を取り除く「還元」に水素を使うと、周囲の熱エネルギーを奪う吸熱反応が起きる。この影響で高炉内の温度が下がってしまわないように、日本製鉄は水素を十分に加熱して吹き込む技術開発を進めている。それでも、還元のすべてを水素でまかなうのは難しいと見られ、高い炉内温度を維持するためにはどうしても石炭が必要になる。

その水素還元で使う石炭に適しているのが、エルクバレーの鉱山で産出される石炭だった。日本製鉄の原料事業企画部によると、不純物が少ないため燃焼効率が高く、含まれる硫黄分が少ないため環境負荷も低いという。

脱炭素を見据えながら世界での競争を勝ち抜こうとする日本製鉄にとって、この鉱山は是が非でも手に入れたい「金脈」なのだ。

しかも、ブラジルのヴァーレや英豪リオ・ティントなどの資源大手は脱炭素を背景に原料炭から撤退した。化石燃料を扱う企業に対するレピュテーション（評判）リスクも強まるなか、他の資源会社も新規の鉱山開発を縮小しており、供給量が細るリスクが強まっている。有力鉱山を手の中に置いておくことが、転ばぬ先の杖となる。

日本製鉄の22年3月期の原料輸入量は、鉄鉱石が5800万トン、原料炭が2700万トンだった。このうち、それぞれ約20％はオーストラリアやブラジルなど自社権益を持つ鉱山からの調達だ。

だが、これだけでは不十分だと日本製鉄は考えた。市場環境が激しく変化する中、鉄鉱石と石炭という鉄の「両親」を資源会社任せにしていては経営が危うくなる――。こうした問題意識が、日本製鉄をエルクバレーに対する出資へと突き動かした。

立ちはだかるグレンコア

もっとも、資源会社への変身は一筋縄ではいかなかった。実はエルクバレーへの出資は当初、日本製鉄単独の計画だった。そこへ割って入ったのが、最終的に77%出資することになる資源大手、グレンコアだ。

日本製鉄がエルクバレーへの出資を最初に発表した直後の23年3月、グレンコアはエルクバレーを独立させようとしていたテックリソーシズを225億ドル（約3兆4000億円）で買収する提案を発表する。テックリソーシズはこれを拒否した。

するとグレンコアは6月、エルクバレーだけの買収提案に切り替えた。日本製鉄による出資案に黄信号がともった。「とんびに油揚げをさらわれるようなものだ」。橋本はグレンコアの動きに不快感を示した。

グレンコアとは豪州で石炭権益を共同保有するが、それとこれとは別。グレンコアの参戦によってテックリソーシズの原料炭事業に高い価値があると証明されたが、かといって簡単に「宝の山」を全て譲り渡すわけにはいかない。水面下での激しい交渉が続いた。

最終的に株式争奪戦が決着し、日本製鉄が20%出資する今回の枠組みが決まったのは11月。最初にエルクバレーへの出資計画を発表してから約9カ月が経過していた。どうしても欲しかった原料炭の権益を守り抜くことには成功したが、価値の高い原料権益には各社が殺到し、争奪戦を繰り広げることになるという現実を思い知った。

固定費が3割 変動費が7割の時代に

「資源大手の寡占化、投機資金の流入、それらに合わせた原料価格の高騰。これらのリスクは年を追うごとに大きくなり、経営への影響も深刻になっている」。日本製鉄で原料事業を率いる執行役員の小林二郎は眉をひそめる。

15年ほど前、日本製鉄のコスト構造は、固定費が約7割、原料を主とする変動費が約3割

原料事業を率いる執行役員の小林二郎は資源大手の寡占化に危機感を強める（写真：北山宏一）

だった。それが、ここ3年ほどは固定費が3割で変動費が7割へと完全に逆転した状態となっている。

もちろん、橋本が指揮した生産改革で固定費が下がったという側面はある。ただ、それだけでは説明できない。「一言で言えば、原料の価格が以前と様変わりしたから」と小林は説明する。

2000年まで鉄鋼業界で世界首位だった新日本製鉄（当時）は、豪英BHPビリトン（現BHP）やリオ・ティント、ヴァーレなどの資源大手に対して、強い価格交渉力を持っていた。鉄鉱石については世界最大手のヴァーレと、原料炭についてはBHPビリトンと、それぞれ3カ月ほどかけて交渉、年間を通じた契約価格を決めていた。世界の鉄鋼各社はそれを「ベンチマーク」にして資源大手と交渉した。

資源大手の巨額買収を阻止

だが、00年代半ばから中国の鉄鋼メーカーが台頭。原料需要が一気に高まり、資源メジャーが強気に転じてくる。日本製鉄は自らの原料調達力を守るために、資源大手と激しい闘争を繰り広げた。

07年11月、「BHPビリトンがリオ・ティントを買収。買収額は1140億ドル（1ドル150円換算で約17兆円）」というニュースが世界を駆け巡った。鉄鉱石市場で世界シェア2位と3位が一緒になるという一大事だ。新日鉄の社内は大騒ぎとなった。

当時、新日鉄が購入する鉄鉱石は約4割がリオ・ティントから、約2割がBHPからだった。鉄鉱石の6割を1社に依存することになってしまう。新日鉄の原料部隊と法務部門は即座に動いた。独占禁止法上の問題があるとして、日・米・欧・豪の独禁当局に対して審査を要請した。

当時は、M&A（合併・買収）をめぐって各国の独禁当局が自ら審査に乗り出すことはあっても、需要家の一社が審査を要請することは、世界的にも異例だった。当時、法務部門で実務を担当していた執行役員の原田剛は「買収は新日鉄1社だけの問題ではなかった。日本の鉄鋼業界全体にとっての死活問題だった」と振り返る。

原田たち法務部のメンバーは、ＢＨＰとリオ・ティントが一緒になることで価格交渉や取引における「優越的地位」に発展する可能性を独禁当局に認識してもらおうと駆け回った。ＢＨＰやリオ・ティントがどういった企業なのか、鉄鉱石の海上貿易はどうなっているのか、どんな産地や品種があるのか、などをまとめた詳細なリポートを各国で提出した。

高炉を持つ日本の鉄鋼メーカー4社にも結集を呼び掛け、鉄鋼製品の顧客企業の業界団体にも賛同を取り付けていった。原料高が鋼材高につながれば、最終的に自動車や造船の価格にもはね返ってしまうからだ。日本自動車工業会や日本造船工業会などに訴えを聞いてもらい、日本の製造業全体で対処していく姿勢を鮮明にした。

買収のニュースが駆け巡ってから約7カ月後、ＢＨＰは欧・米・豪の独禁当局に買収計画を届け出る。米・豪の当局は、すぐさま買収を認可した。新日鉄の旗色が悪くなったかに見えた。

ところが08年11月、欧州の独禁当局である欧州委員会が「独禁法上の問題がある」との判断を下した。新日鉄の主張がおおむね認められた内容であり、新日鉄にとっては「歴史的快挙」だった。

だが、買収阻止はひとときの安息にすぎなかった。その後、資源大手による「逆襲」に見舞われることになる。

止まらぬ資源大手の寡占化

新日鉄と資源大手における価格交渉の攻守が交代する転換点となったのは、10年だ。ヴァーレが、市況によって変わるスポット価格（1回ごとに決まる売買価格）を基に、四半期ごとに値決めすることを一方的に通告してきたのだ。この動きに他の鉄鉱石大手も追随する。BHPも原料炭の値決めを四半期ごとに変更した。

00年代半ばからの中国の鉄鋼メーカーの台頭は止まらず、09年には世界の粗鋼生産量12億2000万トンのうち46％を占めるほどになった。中国勢が貪欲に原料を調達する中、需給が逼迫し、売り手がより優位になってきた。

寡占化も進んだ。30年前は上位3社の合計シェアは4割程度にすぎなかったが、資源大手による相次ぐ権益取得や買収が増えるにつれて、原料価格に上昇圧力がかかった。

■ **鉄鉱石は上位4社が7割を占める寡占状態に**

●鉄鉱石の海上貿易量シェア（2021年）

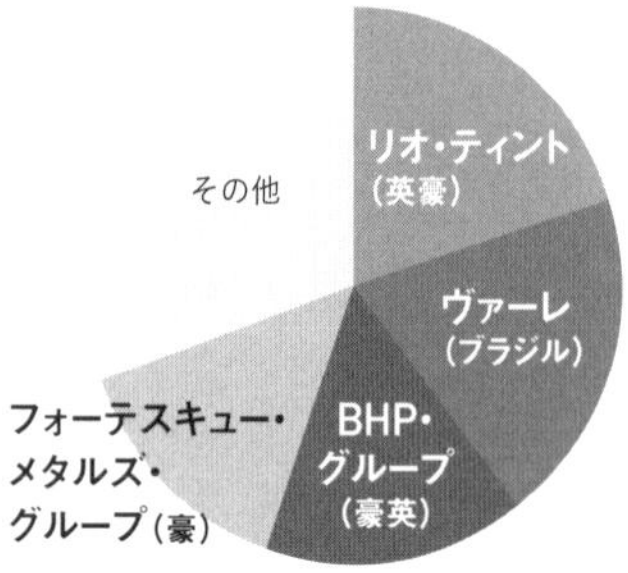

出所：米USGS

●原料炭の海上貿易量シェア（2022年）

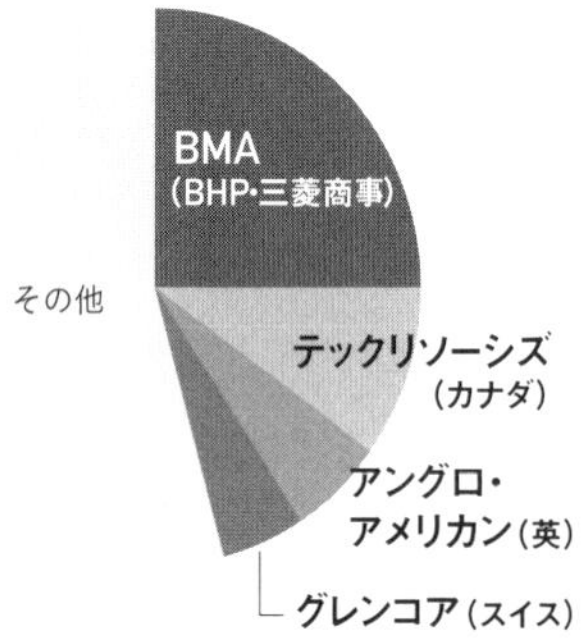

出所：英ウッドマッケンジー

その流れは今に至るまで続いている。21年の鉄鉱石の世界シェア（海上貿易量ベース）で見れば、ヴァーレ、リオ・ティント、BHPに豪フォーテスキュー・メタルズ・グループを加えた4社で7割に達している。

「この価格で買うのか買わないのか」

原料の価格交渉の風景は様変わりした。資源大手の担当者は直近3カ月のスポット価格に連動させた金額を提示し、「この価格で買うのか買わないのか」と迫ってくる。

1988年の入社後、最初の9年間を除き原料一筋だった小林は、2010年以降の資源大手との交渉について、「交渉のテーブルに着くやいなや価格を押し通してきた」と振り返る。メール一本で強引に交渉を終えようとするケースも増えていった。

「グリーディー（強欲）だ」。08年から4年半新日鉄で社長を務めた宗岡正二は、強引に価格をのませようとする資源大手の姿勢を批判。「独占的な地位を乱用し価格交渉をしている懸念がある」と非難した。

スポット価格に連動させる方式は、市況低迷時に資源大手にとっては痛手となるが、小林は「彼らはそうした状況すらエンジョイしているように見えた」と話す。実際、資源大手は市況が下落局面でも利益を出せる強じんな体質になっている。

例えばリオ・ティント。年間を通じて鉄鉱石価格が右肩上がりだった20年12月期に、売上総利益率が約59％と高い収益力を見せた。そして、鉄鉱石のスポット価格が高騰する前の水準に戻った22年12月期も、約46％と高い利益率を維持した。原料の市況がジェットコースターのように上下に変動する中でも、資源大手は我が世の春を謳歌している。

石油やガスといったエネルギー開発と同様に、鉱山の開発・操業も莫大な投資を伴う。鉱山だけでなく、山から鉱物を運ぶ鉄道網や、輸送するための港湾の開発などへの投資も必要になる。大規模な投資ができるのは体力がある大手に限られ、寡占化がさらなる寡占化を呼んでいる。

さらに、原料市場に投機マネーが流れ込み始めた。シンガポールや中国・大連に石炭や鉄鉱石の先物市場が創設され、ファンドが売買金額を膨らませている。足元の鉄鉱石の年間海上貿易量はおよそ15億トン。だが、先物市場では実需をはるかに超えるおよそ25億トンがデリバティブ（金融派生商品）などで取引されている。

資源大手の市場支配力が増し、投機マネーが入り込んだ結果、ここ数年は特に値動きが激しくなっている。

原料炭の市況は、10年ほど前までは1トン100～150ドル程度（強粘結炭）だったが、21年半ばから急騰。半年もたたずに400ドルを突破した。ロシアによるウクライナ侵攻が勃発した22年2月には、さらに跳ね上がりおよそ1カ月で650～700ドルにまで急騰した。足元では落ち着きつつあるが、それでも200～300ドルと10年前の2～3倍だ。

鉄鉱石価格も、21年には1トン約220ドルと過去最高値を更新した。その後価格は急落したが、半年足らずで約2倍に急上昇するなど乱高下している。原料調達が鉄鋼メーカーの経営に与えるインパクトは、かつてとは比べ物にならないほど大きくなっている。

■ 2020年ごろから鉄の原料価格は乱高下している
●原料炭と鉄鉱石の市況価格（本船渡し条件）

出所：日本製鉄資料

1つの事故の影響が甚大に

19年1月26日未明。小林はブラジルの海外事務所からの連絡を受けて跳び起きた。ヴァーレが運営する鉄鉱石鉱山で、廃液をためていたダムが決壊し、泥流が集落を含む広範囲に流出したのだ。大きな人的被害が発生し、鉱区全体でダムの使用が禁止されるなど影響が拡大した。

2月にヴァーレは不可抗力条項（不可抗力の事態が生じたことを理由に出荷が免除される条項）を発動。日本製鉄はヴァーレとの契約量のうち、約20％分を調達できなくなった。

小林たち原料事業のメンバーは死に物狂

いで代替調達先を探し、なんとか必要量を確保して事なきを得た。ただ、ヴァーレが不可抗力条項を発動してから鉄鉱石価格が急激に上昇し、半年後には事故前に比べて50％も値上がりする事態となった。

資源大手による寡占化が進み、鉱山の大規模化も進んでいる。一つの事故が及ぼすインパクトがどんどん大きくなっていく恐怖を、日本製鉄の原料関係者は思い知った。

2000億円にも上るエルクバレーへの巨額出資は、原料調達の安定性を高める一歩に過ぎない。経済安全保障や投機マネーの動きが激しくなる中、いかに持続可能性のあるサプライチェーン（供給網）を構築するか。その成否は日本製鉄の国際競争力に直結する。

第8章 原料戦線異状あり 資源会社に巨額出資

column

「鉄人」列伝 新風を吹き込め

軽やかに躍動するようになった日本製鉄が成長し続けるための力の源は、人だ。高級鋼シフト、顧客への新サービスの提供、脱価格競争──。国内外で10万人強の従業員を抱える日本製鉄の社員たちが、新たな目標に向けて奮闘している。

結晶愛好家の眼力が育てる高級鋼

高級鋼シフトを掲げる日本製鉄にとって、要の製品であるハイテン（高張力鋼）。顧客が求める価値を絶えず生み出すトップランナーでなければならない。引っ張りに強く、加工しやすいしなやかさも備える鉄鋼を、どのように生み出しているのだろうか。

「石垣や大理石を眺めているだけでワクワクします。楽しくないですか？」。金属組織の設計のエキスパート、技術開発本部材料ソリューション研究部研究第二課長の北島由梨さんが投げかけた問いに一瞬、戸惑った。石垣や大理石を観察対象だと考えたことなどなかったからだ。北島さんいわく、金属内部の結晶と似ているからだという。石垣の石の並びや、大理石の断面の模様を見ていると、「ここは軟らかそう」「この部分が硬さに貢献してくれる」と想像をかき立てられるそうだ。

第5章でも触れたが、鋼は硬ければ硬いほどいいわけではない。一般に、硬くすればもろくなってしまう。割れにくくなる粘り強さや、加工しやすくする軟らかさなども併せ持つよう作り込む必要がある。強度を高めようとするほど、粘り強さや軟らかさを持たせるのは難しくなってくる。

よりよいバランスを実現するために、熱処理の仕方や炭素の量、合金の配合の仕方を変えていく。それによって結晶のサイズが大きくなったり小さくなったり、硬い組織と軟らかい組織の割合が変わっていくのだ。北島さんはその金属内部のミクロな結晶構造の設計を任されている。

2010年の入社以来、材料開発一筋とあって結晶への愛着は並ではない。1つの材料を開発するのに、試作した金属の顕微鏡写真を1000枚以上観察することもあるという。1日5時間程度を割いても、およそ1カ月間かかるほどの作業だ。その間、ひたすら電子顕微

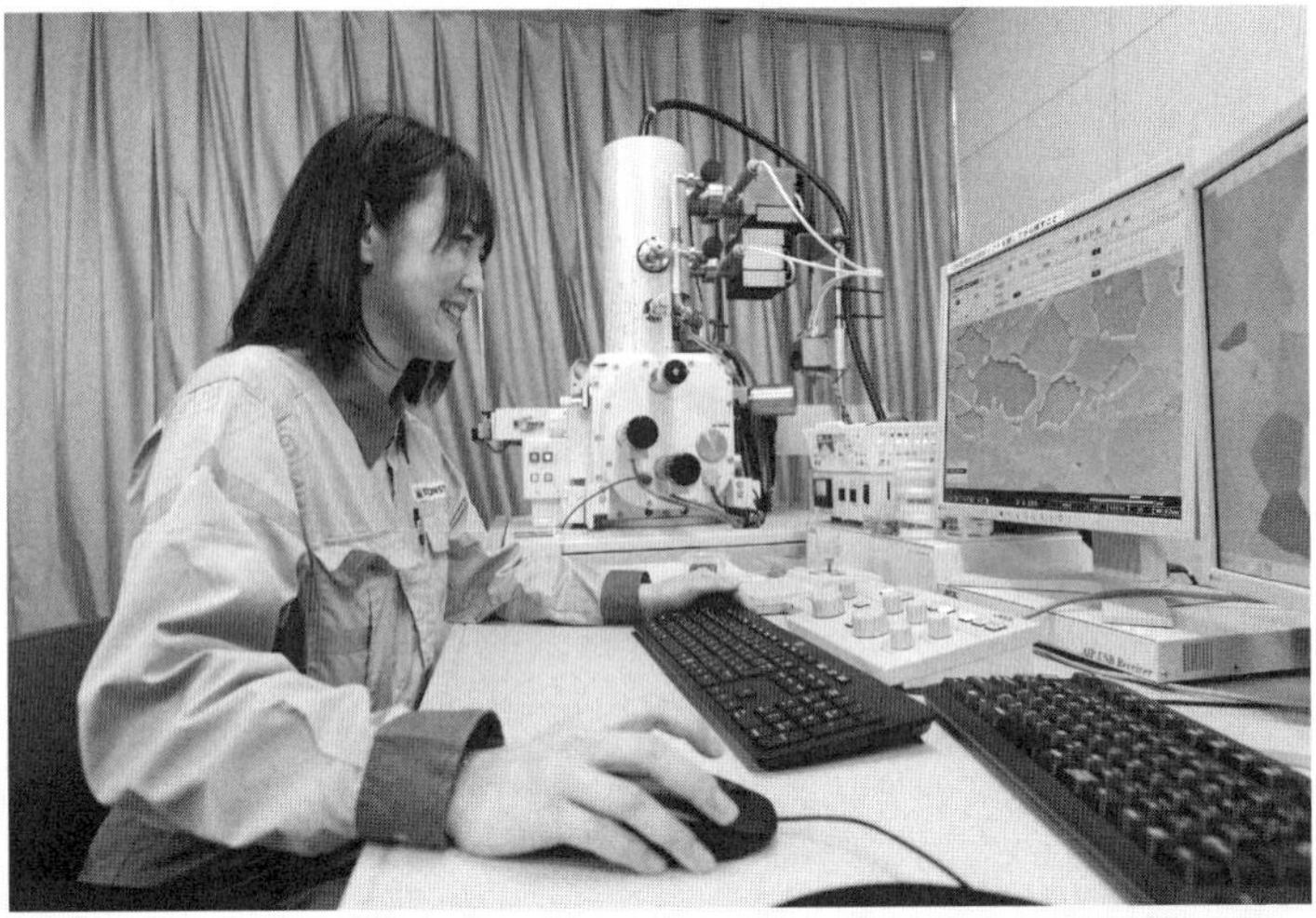

ひたすら電子顕微鏡で金属の組織を観察し、付加価値の高い鉄を探索する北島由梨さん
（写真：竹井 俊晴）

鏡で撮影し、姿かたちを観察する。相当な我慢強さが求められそうだが、ずっと見ていても楽しくて飽きないのだという。

詳しく聞いてみると、例えば結晶が幾何学的に細長い形状だと先端の方に応力が集中し、そこから割れやすくなるという。熱処理など様々な条件を工夫した試作品をつくり、結晶が理想的な状態になるか検証を繰り返す。「電子顕微鏡で観察するとそれぞれ少しずつ結晶粒の向きが違うが、その向きの違いが特性の違いとなって現れる。その細かな違いをコントロールすることでこれまでないような強度やねばり強さを引き出せる」とのこと。観察の繰り返しをいとわない結晶への愛情と眼力が、強度としなやかさを併せ持つハイテンの新製品開発につながっている。

子育て中の北島さんは勤務時間に制約がある中で、時間の使い方を工夫しながら成果を出している。一番時間のロスが大きいのが、顕微鏡で観察・撮影できる状態を整えるまでに時間がかかるのに、必要な顕微鏡写真が撮れていなかったときだ。

そうした手戻りが起きないよう、試作した金属を初めて見るときに「(硬い、軟らかいなど) 材料の特性に影響しているミクロ組織はどんなものかという仮説をあらかじめ必ず立てる」というのが、北島さんのルールだ。仮説に基づいて「視野や倍率はどれくらい必要なのか、違うパターンとしてどういった画像があればスムーズに確認できるか事前に考えて観察に臨んでいる」という。

「顕微鏡から組織の特性が見えてくると、『ここに座ったらどんな感じかな』と思うんですよね。クッションかな、ちょっと硬めのソファかな、それとも座布団かなって」。ちょっと北島さんの世界観についていけなくなった。だが、その飽くなき探求心が、高級鋼を成長の柱とする日本製鉄の技術開発を引っ張っている。

鉄鋼以外にも事業の芽　日本製鉄初の社内起業家

金属加工や機械組み付けなど、ものづくり産業が盛んな東京都大田区。その街で2023年8月、「KAMAMESHI（かまめし）」という名のスタートアップが産声を上げた。起業したのは、同年8月までタイの日本製鉄子会社、東南アジア日本製鉄で営業マーケティングを担当していた小林俊さん。経済産業省の「出向起業制度」を利用して、日本製鉄から出向という形で新会社の社長についた。

KAMAMESHIは、小林さんが長年ものづくりの現場に入り込む中で見えてきた課題を解決することを主眼に置く。課題とは、設備の稼働停止だ。

工作機械や検査装置は老朽化に伴い、どこかのタイミングで部品交換が必要になる。だが、その部品がすでに廃番だったり、図面がなくてメーカーが製造できなかったりといった問題が多々起きる。部品がなければ機械を動かせない。結局、使い続けたいのに機械を手放さざるを得ないケースがある。一方で、部品そのものは、別の企業が予備品として買ったまま眠っていたり、廃棄予定だったりする。

KAMAMESHIが手掛けるのは、こうした交換部品を欲しい人と提供できる人をマッ

自らの貯金をはたいて起業した小林俊さん（写真右、写真：鈴木 愛子）

チングさせるプラットフォームだ。小林さんは「ものづくりのメルカリを目指す」と抱負を語る。

KAMAMESHIの立ち上げ準備には、日本製鉄の主要グループ会社である日鉄エンジニアリングと日鉄ソリューションズの社員も有志として参加している。小林さんと彼らの縁を取り持ったのは、日本製鉄の若手が中心となって立ち上げたウェブコミュニティーだ。

21年ごろ、日本製鉄は不振にあえぎ、若手が次々と職場を去るなど閉塞感に包まれていた。若手で何ができるのか――。その打開策の1つとしてできたのが、このコミュニティーだった。ここで小林さんは知己

を得た。「自分個人の力だけではなく、システム開発など多くの有志が助太刀してくれたことが起業につながった」（小林さん）

資本金300万円は、すべて小林さん個人の手元資金だ。そこまでの覚悟で起業したのは、鉄鋼メーカーの社員の端くれとして、もっとものづくりに貢献したいという思いがあったから。「日本製鉄はお客さんとたくさん接点があって、困りごとも分かっているのに、鉄鋼という枠内でしか事業をしてこなかった。その接点を生かした新規サービスを通じて、日本の製造業を元気にできるはず」と熱意を語る。

小林さんは起業前に橋本英二社長と面談したという。小林さんの話を聞いた橋本氏は出向を即断即決で認めた。そこには橋本氏が座右の銘とする「事上磨錬（じじょうまれん）」の考え方が垣間見える。事上磨錬とは、実際の行動や実践を通じてしか実力はつかないという意味。個人で立ち上げたスタートアップへの出向など前例はなかったが、行動に移す心意気を認めたのだろう。

日本製鉄で培った人脈を生かしながらも鉄鋼ビジネスの枠にとらわれずに、新たな価値を創造しようと挑む小林さん。棒鋼や線材などかつての営業先の担当者も応援してくれているという。社内起業家が日本製鉄に新たな活力を吹き込もうとしている。

「オワコン」なんて言わせない　家電用薄板の新たな価値

国内のコインランドリー洗濯機で約7割のシェアを誇るブランド「AQUA」。中国・海爾集団（ハイアール）の日本法人で洗濯機などを製造するアクア（東京・中央）が手掛ける。その主力商品の外観が2022年、金属の風合いを生かしたデザインに一新された。

採用されたのは、日本製鉄が満を持して立ち上げた家電用薄板の新ブランド「FeLuce（フェルーチェ）」の鋼板だ。このフェルーチェの企画・開発を担当したのが、薄板事業部薄板第一室上席主幹の浜崎由基さんと、同薄板商品技術室部長代理の春田恵利さんだ。

家電の外装に使う薄板は、さびを防ぐメッキ加工を施したステンレスや樹脂フィルムを貼り合わせたラミネート鋼板、塗装鋼板が一般的。ところが、市場は硬直的で価格面や付加価値で新機軸を打ち出せないでいた。

そんな中で浜崎さんたちが目を付けたのが、いわゆる「オワコン」（終わったコンテンツ）になりかけていた「電気メッキ」という鋼板加工だった。

メッキ加工には、鋼板を溶けた亜鉛に浸して加工する「溶融亜鉛メッキ」と、電気の力で亜鉛やニッケルを塗布する「電気亜鉛（ニッケル）メッキ」の2つの方式がある。ところが後者の電気メッキを施した新ブランドを、日本製鉄は約20年間出してこなかった。00年前後に製造ノウハウで中国・韓国勢に追いつかれた上、有害なクロムを出さない技術への対応も遅れたことからＮＫＫ（現ＪＦＥスチール）に劣後していたからだ。製造ラインも10から2まで減った。

家電用薄板に頭打ち感も出る中、テコ入れ策を考えていた浜崎さんは「金属のなめらかさやしなやかさなど質感にこだわるなら、やはり電気メッキに軍配が上がる」と一念発起。工業デザイナーの応援もあって技術陣を説得して回り、賛同を得た。

電気メッキに加え、金属本来の美しさを出すため特殊な金属ブラシでメッキ鋼板を研削（表面を薄く削る加工）する技術も新たに採用。いわゆる「ヘアライン加工」だが、マットな風合いを出せるように技術的な工夫を凝らしたという。

開発・生産の拠点は電気メッキの加工ラインが残る瀬戸内製鉄所広畑地区（兵庫県姫路市）。開発には目途をつけたが、量産までがいばらの道だった。担当したのは品質管理部主査の久米くるみさん。当時は入社2年目で、通常はあまり難しい案件が持ち込まれないラインだったが、このときは修羅場と化したという。

どうしても表面の外観にばらつきが出てしまうのだ。ブラシの素材から研削装置の見直しまで悪戦苦闘した。鋼板に被膜（コーティング）する樹脂も、既存の家電用薄板に使う材料では使い物にならず、樹脂メーカーに何度も試作開発を依頼した。

理想的な樹脂が届いても、今度は膜として塗るのに苦戦した。鋼板に樹脂を塗る「ロール」の回転数や速度などの最適値がなかなか見つからない。さらに温度が変わると樹脂の粘度も変わってしまうため、常に同じ厚みで均一に塗るのが難しかった。

金属の質感を出すのにてこずっていた時期には「『意匠性』という言葉を製品から取り消そうか」と議論したことも。だが、意匠性をなくしてしまえば、フェルーチェのブランド価値はないに等しい。浜崎さん・春田さん・久米さんらのチーム・フェルーチェは、粘り腰で試行錯誤を繰り返した。開発を始めてから2年後の21年秋、ようやく満足のいく品質で量産できるようになった。

家電用鋼板は自動車用や造船用などと違い、強度や軽さはさほど求められない。その分、付加価値をつけるのが難しく、価格競争に陥りやすい。「これまでの延長線のままでは家電用薄板は〝化石〟になる。顧客すら気付いていない潜在的なニーズをつかまなければ先はな

広畑地区で家電用薄板の品質について話し合う「チーム・フェルーチェ」(写真:行友重治)

い」と浜崎さん。「オワコン」だったはずの技術に価値を見いだし、価格競争に巻き込まれない需要を掘り起こした姿は、今後の日本製鉄が行く道を照らしている。

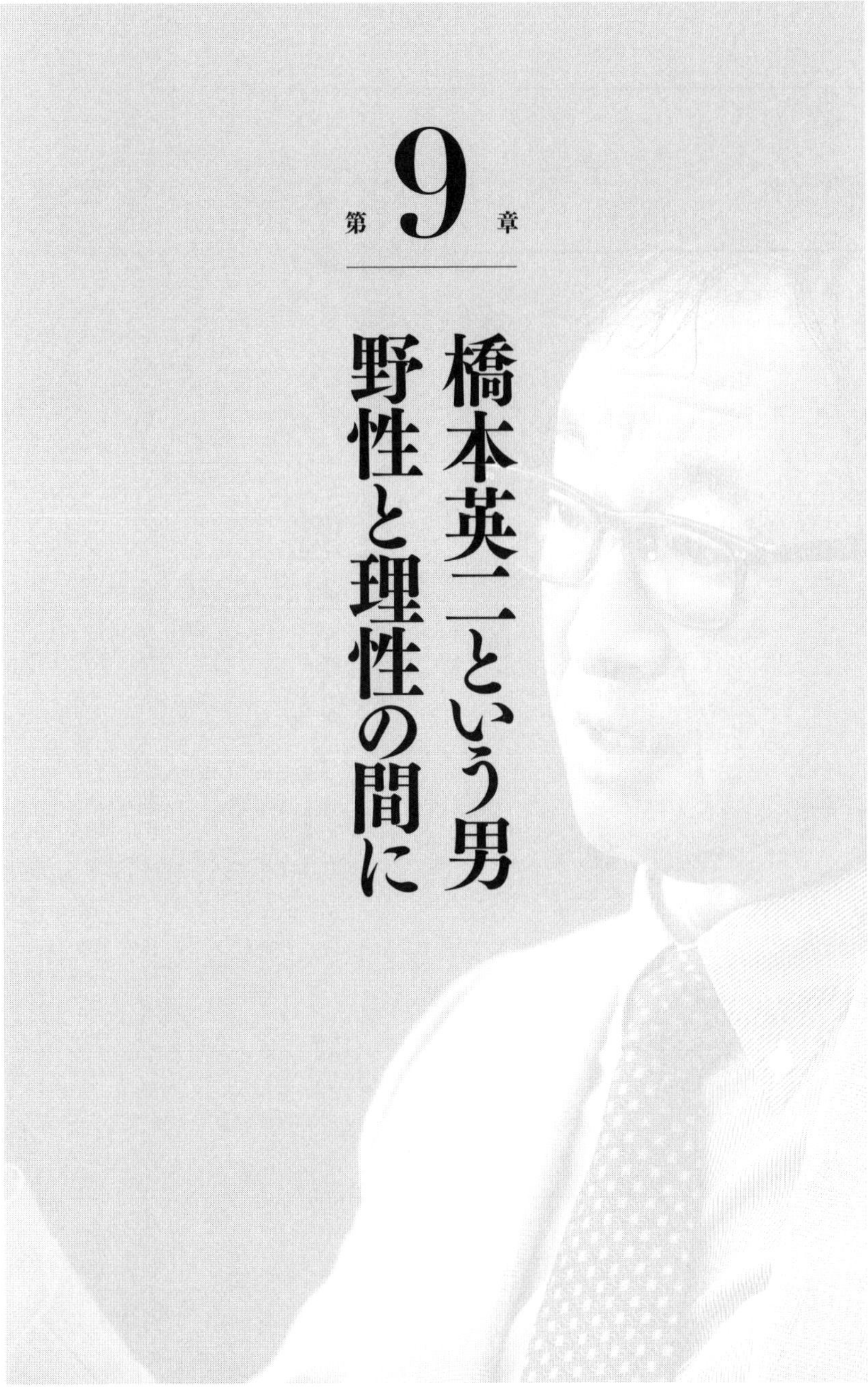

第9章

橋本英二という男
野性と理性の間に

（写真：北山 宏一）

日本製鉄のV字回復と、次代の成長に向けた幾多の改革。それは2019年に社長に就任した橋本英二という人物なくしては成し得なかっただろう。周囲におもねることなく我が道を行く姿は、保守的な風土で調和を重んじる日本製鉄のカルチャーとは対極にあるように見える。日本製鉄を甦らせた橋本の人物像に、徹底的に迫ろう。

ものづくりに魅せられ入社 薄板営業で実績

「新日鉄住金がここまで落ちぶれてしまって、私は悔しくて仕方ないんですよ。我々には世界大手の誇りも意地もある。何とか復権させたいんです」

2019年4月に社長に就任することが発表される前、橋本英二は関係者との会合でこんな心境を吐露している。その場にいた伊藤忠丸紅鉄鋼元社長の兼田智仁（現日本乾溜工業社長）は「私たちに見せた決意には悲壮感すら漂っていた」と回想する。

第9章 橋本英二という男 野性と理性の間に

1955年生まれの橋本の故郷は熊本県南部の球磨郡西村（現・錦町）。幼いころは絣織《かすり》物を身にまとい、わらじかはだしで野山を駆け回り、川で泳いだ。山の幸を採って回り、野兎を捕まえるのもお手の物。自然豊かな山里でのびのびと育った。

街中まで遠かったこともあり、幼稚園や保育園には通えなかった。小学校入学後、周囲の子たちは字の読み書きができるのに自分はできず、悔しい思いをしたこともある。

「田舎だから何もない。みんな顔は見知っているけど、何もないから自分で考えるしかなかった。苦境に陥っても、頼るのは自分しかいない。熊本の田舎では全て自己責任だった」

地元の高校を卒業し、一橋大学商学部に入学した。入学式の日の服装はバンカラスタイル。着古した学生服に学帽をかぶり、高下駄《げた》を鳴らして校内を歩いた。当時はファッションの大衆化が進み、アメリカ西海岸のスタイルがトレンドになっていた頃だ。世間の流行に流されずに我が道を行く橋本の姿は目を引いた。

下駄は4年間履き続けた。卒業旅行で訪れた成田国際空港では、チェックインする際に「下駄では飛行機に乗れない」と言われ、ビジネスクラス用のスリッパを渡されたという笑い話もある。

大学では学園祭「一橋祭《いっきょうさい》」実行委員会の委員長を務めた。

同時期に実行委のメンバーだった肥塚見春（2013年に高島屋で初めての女性代表取締役となり、日本郵政や積水化学工業の社外取締役を務める）は、当時の橋本を「やんちゃでパワフルでリーダーシップもあった。（委員長に）なるべくしてなった」と述懐する。「『オレがオレが』ではなく、周囲の話を聞きながら方向性を決め、決めたら各担当に任せるタイプだった」

日本テレビの元エグゼクティブ・プロデューサーで「進め！電波少年」などをヒットさせた土屋敏男は一橋祭実行委の同期。橋本について「彼が一番、（委員長になる人物として）据わりがよかった。責任感と誰からも愛される〝情〟みたいなものがあって、みんな彼について いった」と話す。

当時の一橋祭は企業からの寄付金を頼りに運営されていた。ところが、委員長になった橋本は素朴な疑問を口にする。「学生が運営する学生のためのお祭りなのに、企業から寄付金をもらうっていうのはどうなんだろう？」

寄付金を集めるのは一橋祭にとっては当たり前のことだったが、橋本は「学生が自主自立して学園祭を運営することを考えるべきではないか」という考えを胸に秘めていたようだ。慣例に流されずに本質に立ち返る――。そのスタンスは今の橋本に通じるエピソードだ。

「本流」で感じた居心地の悪さ

就職活動では商社からの内定を勝ち取っていた。だが、新日本製鉄の君津製鉄所（千葉県君津市）を見学してものづくりに魅せられる。製造業で日本屈指の規模を誇っていた新日鉄を就職先に選んだ。

入社は79年。最初の配属先は釜石製鉄所（岩手県釜石市）だった。能力開発課で教育係を務めていた森重隆（現日本ラグビーフットボール協会名誉会長）は橋本について、「若いのに豪胆だった。言いたいことをずけずけと言っていたが、会社をよくしようという気概にあふれていた」と評する。

釜石では、3交代でやっていた外線電話の取り次ぎ業務を自動化するアイデアを提案。不慣れな予算獲得と仕組みの構築に半年ほど要したが、粘り強く働きかけて実現した。この時のことについて橋本は「人は現状に安住して変化を嫌うということを身に染みて感じた」という感想を残している。

本社に異動した後は自動車用などの薄板の営業を担当した。この頃には会社や組織が打ち出した方針に縛られることなく、自分が信じた道を突き進むようになっていた。

当時の橋本の仕事ぶりを知る日本製鉄関係者は、さび止め用の亜鉛メッキ処理が施された鋼板を営業していたときの逸話を明かす。営業部門は、大きな設備投資をした電気亜鉛メッキの製品を積極的に売るよう大号令をかけていた。ところが橋本はそれを気にかける様子もなく、溶融亜鉛メッキと呼ばれる別の方式の製品の販売に力を入れていたという。

「会社としては設備投資を少しでも早く回収するため電気亜鉛メッキの製品を売りたかったが、いかんせん顧客の反応が悪かった。橋本さんは社内の事情よりも、どっちが顧客のためになるかを考えて、溶融亜鉛メッキの製品を売っていこうと考えたのだろう」とこの関係者は振り返る。

橋本の一橋大の4年後輩に当たる日鉄エンジニアリング社長の石倭行人は橋本について「若い頃から、おかしいと思えば物おじせずに進言する人だった。『何が最も合理的で会社の利益になるか』をいつも考えていた」と話す。

橋本は86年の米ハーバード大学への社費留学を挟んで約13年間にわたり薄板営業を担当した。薄板営業は新日鉄の「本流」とされる部門。橋本が係長や企画室長などを任された頃には、後に新日鉄社長となる三村明夫（前日本商工会議所会頭）や、新日鉄住金の初代最高経営責任者（CEO）になる宗岡正二がいた。

橋本は自動車大手向けの鋼板で競合メーカーからシェアを奪うなど実績を上げたが、居心地の悪さも覚えていた。高い付加価値を持つ自動車用鋼板なのに、顧客にその価値を認めてもらえない。顧客におもねってシェアばかりを気にかける上司のやり方もしっくりこなかった。

案の定、橋本は上司と対立する。営業の上層部から「橋本は輸出にでも出すか」との意見が上がり、唐突に異動を告げられた。

異動先の輸出部は、国内製鉄所で製造した熱間圧延品（板状の鉄を薄く延ばして巻き取った製品）を輸出する部門。社内からは「国内の余剰品を海外に売りさばくだけの傍流」と見られていた。だが、この本流から傍流への異動が、橋本にとって大きな転機となる。

アジア市場のことは橋本に聞け

96年に輸出部薄板輸出第一室長となった橋本にとって、全てが新鮮だった。バブル崩壊後に日本市場が縮小均衡に陥っていたのに対し、アジア市場は急成長していた。新日鉄の熱間圧延鋼板にはアジア各地から引きも切らぬ需要があった。

何より価格の決め方が日本とは大きく異なっていた。国内には特定の主要顧客との間で取引価格や販売量を決める「ひも付き」契約という慣行がある。価格は前年を基準にして、原料価格なども踏まえながら、どれぐらい変えるかを顧客と直接交渉する。大口の買い手のなかでも特に大手自動車メーカーや造船会社などには強い交渉権があり、製品を納めた後に価格が決まる。

輸出でも価格交渉はもちろんあるが、海外顧客が何より参考にしていたのが今後のアジアの鉄鋼需給の行方だった。どちらかと言えば鉄鋼メーカーが価格を握っているが、相手も必死だ。CEO自ら交渉に乗り出してくる顧客企業もあり、今後需給がゆるむと見れば値下げを強く迫ってきた。

橋本はアジアの地域別・製品別の需要や、製鉄所の出荷状況、マクロの政治・経済の動きなどを基に市況見通しを分析。価格交渉の際には、その分析を顧客に詳しく伝えるようにした。アジア全体を売り先にしている新日鉄だからこそ見えてくる市場の動きもある。顧客にとっては、自分たちより市況を把握している橋本の分析を聞けば、提示される価格も納得しやすくなる。

当時、橋本の部下だった副社長の森高弘は「当時の輸出部には〝本物のマーケティング〟があった。綿密な分析に基づいて価格を決めて交渉し、その結果についても責任を負う。(国内事業が中心だった)新日鉄とは違う会社にいるようだった」と振り返る。

輸出部で水を得た魚のように生き生きと働く橋本は、アジアの顧客を次々と開拓。余った製品を売りさばくだけだったはずの輸出が、もうかるビジネスへと生まれ変わっていった。

市場分析は評判を呼び、社内外から「アジアの鉄鋼市場のことは橋本に聞け」と言われるようになる。熱間圧延鋼板から最終製品を作る顧客企業だけでなく、中国・宝山鋼鉄(当時)や韓国ポスコといった高炉を持つアジアの鉄鋼メーカーの営業担当役員からも頼られるご意見番になった。

伊藤忠丸紅鉄鋼の初代社長を務めた岡崎誠之助は橋本の鋭い分析力をよく覚えている。93年ごろ、丸紅で薄板部長を務めていた岡崎は、JR東京駅の近くにある鉄鋼ビルディング2階の定食屋に毎月1回、足を運んでいた。昼の12時から1時間、昼食をとりながら橋本から〝レクチャー〟を受けるためだ。

橋本は岡崎の16歳下に当たる。一回り以上も下の年齢ながら、世界経済のマクロの動きとアジアの需給を精緻に読み取って市場を読み解く橋本の姿に、岡崎は「感動すら覚えた」と言う。韓国ポスコにも精通し、中国のゼネコン向け鋼材の流れも熟知していた。「私の知る限り、当時の新日鉄に彼ほどの国際派はいなかった」と岡崎は話す。

これは橋本が輸出部に移る前のエピソードだが、ハーバード大に留学したように強い海外志向を抱いており、当時からアジアのマーケットに関心を寄せていた。

「うちはこんな製品を出していたのか」

97年のアジア通貨危機でアジアの鉄鋼需要が冷え込んだとき、新日鉄が輸出で開拓しようと動いたのが米国市場だった。

第9章 橋本英二という男 野性と理性の間に

98年、米国三菱商事の鉄鋼部門で販売を担当していた塚本光太郎（現三菱商事常務執行役員）は、日本の三菱商事からの指示にのけぞった。新日鉄の要望を受けて、「米国のユーザーから熱間圧延鋼板を3万トン受注せよ」と無理難題を言われたのだ。新日鉄が強大な力を持っていた時代だ。商社トップとしての意地もあった塚本は、初めての客先をあちこち回りながら、何とか10日で3万トンの受注をかき集めた。

その成果に謝意を示すべく、塚本のいるシカゴにやってきたのが橋本だった。2人は米国の鉄鋼市場について情報交換し、今後の協力を約束した。

ところが、問題が発生する。鋼板を納めた後、客先からの「品質に問題あり」というクレームが続々と届いたのだ。顧客の要求を満たしていない製品が出荷されていた。仲介した商社の担当者として、塚本は怒り心頭に発した。「現物を直接見てほしい」と橋本を米国に呼び寄せた。

「問題の製品はこれです。とても新日鉄製とは思えない」。塚本が指さす先の製品を目にした橋本は、こうべを垂れた。「うちはこんな製品を出していたのか。申し訳ないことをしてしまった」と謝罪し、原因究明と対策を約束した。

塚本にとって、橋本の態度は意外だった。当時は鉄鋼メーカーが圧倒的に優位な立場にあり、そのメーカーの責任者が現場までやってきて自らの非を認めるとまでは思っていなかった。

「アグレッシブな営業で要求も厳しいが、とても誠実。やるべきことを責任持ってやってくれる人物」――。塚本は橋本の人柄に信頼を置くようになった。「橋本さんのためならこちらも逃げることなく真正面からチャレンジできる。そんな間柄になった」と振り返る。

橋本が率いた輸出部隊は、米国を筆頭にメキシコやインド、中東などに輸出網を広げていった。こうした国々が経済成長期を迎えた2000年代半ばから10年代には、まいておいた種が大きく育ち、日本製鉄の業績に貢献していった。

「ぶれない」リーダーの肖像

2013年、常務執行役員となって赴任したのがブラジルだ。サンパウロの北東約600キロメートルにあるミナスジェライス州ベロ・オリゾンテにある鉄鋼大手ウジミナスに、副

ブラジルに赴任した橋本英二（前列右から3人目）は、合弁相手との緊張関係を強いられた

社長として乗り込んだ。

ウジミナスは新日鉄住金とアルゼンチンの鉄鋼大手テルニウムとの合弁会社。高炉を擁するブラジル有数の鉄鋼メーカーで、新日鉄は1950年代から技術支援してきた歴史を持つ。

橋本がウジミナスの副社長に着任した後、テルニウムとの間で経営権を巡る抗争が勃発する。

発端は「社長が不当な報酬を多額に受け取っていた」として、新日鉄住金主導でテルニウム出身の社長を解任したことだった。するとテルニウムは強く反発。ウジミナスに追加出資して株式を取得し、経営の主導権を握ろうとした。

橋本は盗聴など陰湿な嫌がらせを受けた。同僚などの裏切りにも遭った。橋本は「通訳に頼ったら足元を見られる」と、けんかに使うような荒っぽい英語をノートに書き留め、会議などでも相手の脅しに敢然と立ち向かった。

16年には世界的な鉄鋼不況が直撃し、ウジミナスは資金難に直面。新日鉄住金とテルニウムは再建案を巡っても激しく対立したが、橋本はなんとか追加出資にこぎ着けた。

「ウジミナスのため」。頭にあったのは新日鉄住金の利益ではなく、ウジミナスをいかに軌道修正するかだけだった。そのために真正面からテルニウムと対峙した。橋本は16年春に日本に呼び戻されたが、後任の森がテルニウムとの全面和解に導いた。

散々敵対した橋本だったが、テルニウムの実質的なオーナーであるパウロ・ロッカとは今ではじっ懇の間柄だ。

再建のために自らの理を追い求める一方で、相手の話にも耳を傾け、信頼関係作りを怠らない。火花を散らしながらも私心は捨て、ウジミナスの利益だけを考える。そうした義理堅さが、今のロッカとの関係につながっているのだろう。

橋本は物事を包み隠さず、時にストレートに自らの心情を表に出す。「会社は遊園地じゃない！」「子や孫（子会社、孫会社）に背負われた老人と一緒だ！」。苛烈な言葉におののく社員や経営幹部もいるが、それも世界で戦う鉄鋼大手としての誇りと責任感を持って欲しいという気持ちの表れでもある。

一方で、社員や幹部は「道理がある」「筋が通っている」「ぶれない」「私心がない」という橋本評を口にする。副社長の森は「筋が通らず理にかなっていなければ率直に自らの非を認める。そんな潔さもある」と明かす。

「計画一流、実行二流、言い訳超一流」

20年1月、北海道室蘭市。室蘭製鉄所を訪問した後の夜、社長秘書を務める柴山陽平は橋本と2人きりで杯を傾けた時、こんな疑問を投げかけた。「部門から『社長に説明したい』と話があったとき、橋本社長は説明を不要にして資料だけを受け取るときがありますよね。どうしてですか」

すると橋本はこう返した。「おれが経営の針路を決めなきゃならんからだよ。右に行くのか、左に行くのか、前に進むのか。それを部下は決して教えてくれない。だから、自分で考

橋本の「事上磨錬」の心構えが社員にも浸透しつつある

えるために資料だけを見て、聞きたいことがあれば聞くんだ」

もともと社内には報告を聞くだけの会議が多かったが、橋本は不要と考えていた。報告内容を事前に取捨選択した上で、自ら考えて即断即決しなければならない事項や、経営会議にかけるべき内容を選り分けていく。

これは、本質をつかんで判断するための橋本なりの流儀と言える。社員や役員の説明の中には慣例やしがらみなどの「雑音」が入り込むこともある。だからこそ、自分にとって本質的な情報だけに絞り込み、原理原則に基づいて判断しているのだろう。その姿には「社長の自分が実行と結果に全責任を負う」という覚悟がにじみ出ている。

日本製鉄には自社を表現するこんな自虐めいた言葉がある。「計画一流、実行二流、言い訳超一流」。とにかく石橋をたたいて渡る。渡るか渡らないのかの決断も遅い。決まっても実行できない──。そんな企業風土を表すこの言葉を橋本は製鉄所回りや会議で引用し、社員たちを戒めてきた。

橋本の座右の銘は「事上磨錬《じじょうまれん》」。中国明代の思想家、王陽明が残した「行動や実践を通してしか知識や技能は磨かれず、人間の実力は身につかない」という意味の格言だ。橋本は「計画一流、実行二流」とは正反対の事上磨錬を自ら実践してみせることで会社の風土を変えようとしてきた。

事上磨錬は、経営学の泰斗である一橋大名誉教授の野中郁次郎が「日本企業の多くはP（計画）D（実行）C（分析評価）A（改善）のうち、PとCの偏重に陥り、DとAができなくなっている」と唱えたことに通底する。「計画や手順ばかりが重視されると人は指示待ちになり、創意工夫しなくなる。計画にとらわれると環境の変化や想定外の事態が起きても対応できず思考も停止する」（野中）のだ。

理にかなっていればすぐに動く。利益にかなっていなければ徹底的に改善する。場合によっては走りながら考える。野中はそれを「野性味」と言う。「計画や評価が過剰になって行動が軽視され、本質をつかんでやり抜く野性が日本から失われつつある」（野中）が、橋本は「理性と野性」の間を行き来しながら経営を強くしなやかにした。

橋本の行動原理はいたってシンプルだ。利益の最大化に向けて考え抜き、決めたことは実行あるのみ、おかしければ軌道修正する。そのダイナミズムに連結10万6000人の社員を巻き込む。

常に理《ことわり》があるかを問い、会社の価値を高めたいという闘志にも裏表がない。ピュアなのだ。一見ナイーブにも見えるが、そうした明快なリーダーシップは会社が方向性を見失っている時に強い推進力を持つ。だからこそ、日本製鉄という巨大な組織を突き動かし、転生させたのだろう。

「非常に状況が悪い中で、みんな努力してくれた。ああだこうだ言わなくても、本当に自ら考えてやるようになってくれた。今は全従業員に感謝しかない」。橋本は血のにじむような改革に耐え抜いてきた従業員一人ひとりの成果に目を細める。

そんな橋本は24年3月期で社長を退任する意向を示している。就任から4年半がたった今、何を思うのか。最後は橋本本人の声に耳を傾けてみよう。

社員の給与をどれだけ増やせたか それが社長としてこだわる指標

日本製鉄 社長

橋本 英二氏

はしもと・えいじ
1955年熊本県生まれ。79年一橋大学商学部卒業、新日本製鉄（現日本製鉄）入社。88年、米ハーバード大学ケネディ公共政策大学院修了。釜石製鉄所を振り出しに主に自動車用などの薄板の営業畑を歩み、96年以降は輸出や海外事業を担当した。2009年執行役員、16年副社長、19年から現職。
（写真：北山 宏一）

――2019年に社長に就任した時、どんなことを考えていましたか。

このままでは確実に潰れるという状況だったんです。製鉄コストが膨れ上がっていて、製品の安売りが30年ぐらいずっと続いていた。国内の製鉄事業が2期連続赤字になり、日々キャッシュが流出し続けていました。

危機の真因は（12年の新日本製鉄と住友金属工業との）経営統合です。私は、経営統合は会社を良い方向へ向かわせるきっかけになっても、それ自体は（経営改善の）対策にはならないと思います。外には立派なことを言っているけど、お互い苦しくなって統合したわけですよね。

2つの大会社がある日突然一緒になると、社員は全体感や会社が置かれている状況が分からなくなるんです。まさにそんな中で、本当に自分が社長に就いて再建できるのかと思いました。

ただ、受けた以上はやるしかない。決めたからには2年でやると覚悟しました。現実的に考えて、当時のキャッシュアウトの状況が2年続いたら倒れるところだったんです。金融機関の姿勢も「これ以上の貸し出しはできない」という感じになっていました。

――国内の粗鋼年産能力5000万トンを1000万トン削減するという号令をかけました。社内の反応はどうだったのでしょう。

諸悪の根源は余剰能力です。それを削るには高炉から止めるしかない。それを分かってもらうため、国内製鉄事業だけの損益を取り出して製鉄所に示しました。今までそんな話を製鉄所にしたことはなかったのですが、財務の資料を誰でも分かるようにして出しました。

製鉄所では相当乱暴なことも言いました。「自分の給与を自分で稼いでいない。子どもや孫に頼っている老人と一緒だ」と。社内にインパクトを与えるためでした。

社長になって本格的に改革を始めてからは、大きい製鉄所には年2回、小さいところも最低年1回は回って従業員たちと対話しました。年に30回以上は製鉄所に出張しましたし、今もしています。

――製鉄所改革の傍ら、営業面でも荒療治に臨みました。当時、営業はどのような状況だったのですか。

営業は、どうしたら値段が上がるのか分かっていませんでした。最後にちゃんとした値上げができたのは1990年ごろ。その後、顧客からの要請に応じて少しずつ価格を下げてきた。

私が入社した1979年ごろは（自動車メーカーなどの）顧客より鉄鋼メーカーの方が強かったのですが、いつしか立場が逆転しました。そもそもどちらが強い、弱いというのがおかしな話なんですが。

日本製鉄は鋼材の45％を輸出していますが、残り55％の内需のうち多くは間接輸出（顧客が鋼材を使って商品を国内で生産し海外に輸出）しています。（1985年の）プラザ合意後の円高不況では、自動車メーカーも我々も輸出は苦しかったけど、ともに乗り切った。当時は自動車鋼板の分野で新日鉄（現日本製鉄）はとても頼りにされていました。技術も生産も、新日鉄には総合力があったからです。

その後、自動車メーカーが海外生産にシフトせざるを得なくなったのですが、我々は海外に出て行かなかった。自動車メーカーは円高対応で困っていて、鋼板の調達をどうしたらいいのかなど、尋ねたいこともあったと思うのですが、当社は頼ってもらえなくなった。

国内製鉄所の能力を維持するための投資ばかりで、海外に新規投資しなかった。そのせいで顧客を見失ってしまったんです。自動車メーカーが悪いわけではない。ですから、私はゼロからお客さんと対等な関係を築きたかったんです。

価格は売り手が決めなければ

――「20年以上安いままの価格を引き上げる」と旗を振りました。相当な苦労を伴ったのではないでしょうか。

そもそも価格は需給、競合メーカーとの優劣、顧客による技術やソリューションの評価、主にこの3つが反映されます。価格が長期低迷しているということは、3つのうちのどれか、あるいは全部がダメということです。

そして価格というのは本来、主体的に売り手が決めなければいけないんです。買い手に了解をもらって決めるというのはおかしい。ですが、我々には価格形成力がありませんでした。価格形成力を持てないというのは、営業以前の話です。事業の構造が間違っている。つまり経営そのものに問題があるんです。だから、経営の諸悪の根源である余剰生産能力の改革から着手したわけです。

――価格を適正化しようと取り組む中で、顧客の反発は大きかったと思います。具体的にどのように値上げを進めたのですか。

「我々がおかしくないと思っている価格を受け入れてもらえなければ受注・供給はできません」とまで顧客に言いました。12人の営業部長と2カ月ごとに個別に会議を開き、徹底的に対話しました。なぜ値上げが必要かを繰り返し説明し、納得してもらうことで、自信を持たせたかったのです。

「値上げを認めてもらえなければ安定供給に支障が出ますよ」と我々が言えば、社会問題になる可能性は分かっていました。その責任を持つのは私です。実際に世間で話題になっても、「営業には一切の責任はない。これは社長の責任だ」と言い続けてきました。

(主要顧客である) 自動車メーカーは、部品が一つでも欠けたらクルマを製造できません。ですから、価格交渉で自動車メーカーから「日本製鉄のシェアを下げていいですね」と言われた場合も、「必要量を全部確保できないことになりますよ」と私たちは返しました。そうせざるを得ない状況だったのです。

(製鉄所の合理化を進め) 固定費はこれ以上下げられない。その中で従業員の賃金も戻さないといけない。(売上高から変動費を引いた) 限界利益を増やす必要があります。そのためには単価を上げるしかなかったのです。

――日本製鉄の社員は「橋本さんは考え方がぶれない」と言います。そうした姿勢が培われた原点はどこにあるとお考えですか。

ど田舎で育ったということですかね。（熊本県球磨郡の）実家は田舎で、周りに何もないわけです。自分しかいないから、苦境に陥っても人のせいにできないんですよ。

それに、田舎は互いに知っている人ばかりだから、あの人のせいでとは思わないし、むしろ助けてもらうことの方が多い。

だからでしょうか。「人のせいにしてはいけない」という強い思いは持っています。たとえ都合が悪くなったり、苦しくなったりしても「社会が悪い」「あいつが悪い」と言い訳するわけにはいかないと思ってきた。何が言いたいかというと、全て自己責任だということです。

そんな考え方だからか、若い時から人に「どうしようか？」とか「お前はどう思う？」とか、あまり聞きませんでしたね。責任を持って仕事できるのは、自分の頭で考えた範囲だけだからです。それが経営スタイルとしていいか悪いかは別として、自分はそういう性格なのだと思います。

――過去からの慣例にとらわれない経営の秘訣は、よりどころは自分だという意識なのでしょうか。

近い将来、社長を退任する時、一つだけ自分がこだわったKPI（重要業績評価指標）は何だったかと聞かれたら、私は「社員に支払っていた給与をどれだけ増やせたか」だと言うでしょう。労働組合の委員長には、賃金改善のレベルを、以前鉄鋼業が占めていたトップのところに戻せたことが一番うれしいと言っています。

中国の古典に「恒産無ければ恒心無し」という言葉があるのをご存じでしょうか。安定した財産や職業がないと、安定した道徳心を保つことは難しいという意味です。会社を成長させ続けるためには、それに見合った給料を支払う必要があります。

社員が自信を持ちつつある

――これからの日本製鉄のアキレス腱《けん》は何でしょうか。

不断の構造改革ができるかどうかでしょう。社会や市場が大きく変化するのが当たり前になる中で、各部門に改革マインドを埋め込んでいかなければならない。変化が昔に比べて激

（写真：北山 宏一）

しいので、予算管理も4半期ごとから月次に切り替えました。現場の負荷は高まるかもしれませんが、大きなポイントだけはきめ細かく見直し続けてほしいと言っています。

長期ビジョンでいうと2030年がポイントになる。（国内の鋼材販売）数量は、もう回復しない。一方で固定費や償却費、人件費なんかはこれからも上がってくる。その固定費の下で利益を生み出せる体制をどう構築するのか。今から事業面でのマネジメントの手を打っていかなくてはなりません。

――社長就任後の4年半を振り返って一番感激したことは何でしょうか。

従業員たちが、改革でつらい思いもしたけ

れど、経営陣と一緒に乗り越えてきて自信を持ちつつあることですね。ついてきてくれた従業員には感謝しかありません。

（買収した）旧日新製鋼の従業員が「今までもらったことのないボーナスをもらえるようになって、つらかったけど苦労したかいがあった」と話していると人づてに聞いたのもうれしいことでした。

働き方が多様化し、ボーナスなど給与面の待遇だけで会社を評価する時代ではありません。給与が増えたからといって100人が100人とも「幸せです」と言うとは限らない。やりがいや働きがいをどう感じてもらうか。これも課題の一つです。

――全面閉鎖となった瀬戸内製鉄所呉地区（広島県呉市）をはじめ、製鉄所の選択と集中も進めました。

構造改革の過程で離職した人も多くいました。苦労した従業員たちの悔しい思いを、自分は一生涯背負わなければと思っています。会社を去った人たちのためにも、日本製鉄を立派な会社にしていかなければなりません。

――日経ビジネスの取材に対し、24年3月期をもって社長から退く意向を表明しています。日本製鉄、さらに日本の製造業が成長していくために、何を伝えたいですか。

私の社長としてのミッションは、潰れるかもしれないところまでいった会社の収益構造を立て直すことでした。それは前倒しで達成できたと思っています。

次はステップフォワード。経営再建ではなく次に行きましょうという段階なので、やはり区切りをつけないといけない。ですから、24年3月をもって交代と決めました。土台は作ったので新体制の下、みんな頭を切り替えてやってほしいと思っています。

日本にとって製造業は経済の土台です。製造業を守り、発展させていくというのは鉄鋼メーカーとしての責務であり、これは今後も変わらないでしょう。

役割はもう一つあります。素材産業は、顧客すらつかんでいないようなニーズにも応えなければなりません。素材が社会や産業全体に大きな貢献ができるという思いは我々に埋め込まれています。貢献できなければ、会社としての実力がないということです。役に立てるようしっかり収益を上げて、人材や設備に投資し、強くしていかないといけません。

私が入社した頃は「第一に国、第二に業界、第三に会社」と言われました。ですが、そもそも分けること自体がおかしな話です。つながっているんですよ。私たちが強くなれば顧客の利益だけでなく、社会が抱える課題解決や国益につながる。日本製鉄も他の素材メーカーも、そういう存在であってほしいですね。

おわりに

計4時間に及ぶ橋本英二氏へのインタビューで、特に胸に突き刺さった一言がある。

「社員の給与の総額をどれだけ増やせたかが、私にとっての経営のＫＰＩ（重要業績評価指標）ですよ」

売上がいくらだとか、利益率が何%だとか、株主還元はどれくらいだとか、そういった指標で経営実績を語る企業トップは多い。しかし、橋本氏のように社員の給与の増額こそ経営者の最大の務め、と公言する経営者は少なくとも私にとって初めてだった。

橋本氏が目標に掲げていた社員の賃金は、確実に上がっている。橋本氏の社長3年目に当たる22年3月期は、賞与が14年ぶりの高水準になった。血のにじむ改革で最高益をたたき出し、ついてきてくれた社員たちに報いる。社員たちのやる気を引き出し、さらなる利益拡大に挑む。そのサイクルが着実に回り始めている。

「橋本さんは、ロゴス（論理）、パトス（情熱）、エトス（信頼）のすべてを兼ね備えた人。彼のためならいっちょうやってやろうかという気になるんだよね」。第9章のエピソードにも登場し、橋本氏と20年以上の付き合いがある三菱商事の常務執行役員、塚本光太郎氏はこう語る。人を動かす際の条件として古代ギリシャの哲学者アリストテレスが説いた言葉になぞらえた表現だが、言い得て妙だ。

橋本氏は、日本製鉄にとって「異質」の存在であるように私には見えた。合意形成を重んじ、慣例を大事にする社風にあって、橋本氏は組織の空気を意に介さず、日本製鉄が今やらなければならないことを最短距離で実行してきた。

しがらみに縛られがちな大企業のトップでありながら、ここまで振り切った行動ができる人はなかなかいないだろう。

そして思った。実はこの異質さこそが企業経営の「王道」なのではないか、と。

「改革」を叫ぶ経営者は多いが、一体どれほどの覚悟を持って会社を変えようとしただろうか。橋本氏はリーダーとして本質的な課題をあぶり出し、リスクを取って改革を有言実行し続けた。それが、日本製鉄という巨艦を大きく変えた。橋本氏の姿は、日本の企業トップに覚醒を促しているように見える。

橋本氏が率いる日本製鉄の姿は、私にとっての光でもあった。新聞記者となってから、なぜか、ものづくりの世界にどっぷりとはまった。自動車や電機などの華やかな製品よりも、それを作るための材料や機械などの生産財に心を奪われた。工作機械、ロボット、部品、金型、化学品、繊維、金属などだ。

もともとその世界に縁があったわけではない。みな黒子であり、技術も難しく実感が湧きにくい。それでも、ものづくりには人の知恵と情熱が詰まっていて、なかには圧倒的な国際競争力を持つ材料や機械も多い。だから、愛着が湧くのだ。

一方で、製造業のたそがれも感じていた。人口減少で国内市場は縮小し、人材難とデジタル化に後れを取り一部では国際競争力を失いかけている。自分が愛するものづくりが弱体化してしまうのではないか。取材しながらそんな怖さをいつも感じていた。

だから、日本製鉄が成し遂げた「復権」に希望が湧いた。社員一丸となり収益力と競争力を取り戻した。取材しながら何度もその変身ぶりに驚いた。この「おわりに」は、ものづくりの未来の可能性を指し示してくれた橋本氏と日本製鉄への「感謝の手紙」でもある。

本書を刊行するにあたり、まず日本製鉄広報センターの菊池佳代氏に深くお礼を申し上げたい。もともと取材が難しい日本製鉄にあって、菊池氏は橋本氏と同じく辣腕を振るい多くの経営幹部や社員への取材をアレンジしてくれた。質問攻めにしても嫌な顔一つせずねばり強く対応していただいた。

そして、橋本社長ほか、取材に応じていただいた日本製鉄の全ての社員にも感謝の気持ちを捧げる。

日経ビジネスの磯貝高行編集長と日本経済新聞ビジネス報道ユニットの緒方竹虎次長（前日経ビジネス副編集長）には、本書を著すきっかけとなった『日経ビジネス』の特集「沈まぬ日本製鉄」で力をお借りした。

日経ビジネス・クロスメディア編集長の竹居智久氏には、本書の構想段階から有益なアドバイスをもらい、私の乱雑な文章を適宜、軌道修正してもらった。氏の導きがなければこの本は完成には至っていなかった。

執筆を支えてくれた妻と2人の娘にも「ありがとう」と言わねばならない。製鉄所見学に行った娘が、帰宅後に楽しそうに圧延ラインの様子を語る姿を見て、親子の縁を感じずにはいられなかった。また、父欣司、母峰子にも本書を捧げたい。

最後に。鉄鋼のみならず製造業各方面での取材の蓄積がなければ、本書は日の目を見なかった。モノづくりの現場に携わる全ての方々への敬意を込めて筆を置きたい。

2023年12月

日経ビジネス副編集長　上阪欣史

上阪欣史 うえさか・よしふみ

日経ビジネス副編集長

1976年兵庫県西宮市生まれ。2001年立命館大学産業社会学部卒、日本経済新聞社入社。社会部などを経て08年から産業部(現・ビジネス報道ユニット)。機械、素材、エネルギー、商社などの企業取材に携わる。17年から日本経済新聞デスクを務め、21年から現職。再び機械や素材などものづくり産業を担当する。日経ビジネス電子版にコラム「上阪欣史のものづくりキングダム」を連載中。

日本製鉄の転生 巨艦はいかに甦ったか

2024年 1月22日　第1版第1刷発行
2024年 2月 7日　第1版第4刷発行

著　者	上阪 欣史
発行者	北方 雅人
発　行	株式会社日経BP
発　売	株式会社日経BPマーケティング
	〒105-8308　東京都港区虎ノ門4-3-12
装幀・本文デザイン・DTP	中川 英祐(トリプルライン)
校　正	株式会社聚珍社
表4カバー写真	北山 宏一(中央)、堀 勝志古(左端)
編　集	竹居 智久
印刷・製本	大日本印刷株式会社

ISBN 978-4-296-20423-6　Printed in Japan